职业教育数字媒体技术应用专业系列教材

平面设计与制作综合实训

主　编　罗志华　刘新安
副主编　季　薇　严诗泳　李素青
参　编　周翠玉　张志威　张　铄
　　　　罗　静　夏晓晨

机 械 工 业 出 版 社

本书分别用Photoshop、CorelDraw、Illustrator这3个平面设计常用软件编排了8个商业项目，每个项目都是一个完整的商业案例，内容包括：设计卡片、设计标志、设计宣传海报、设计DM单广告、设计书籍封面、设计产品包装、设计产品广告和精修与设计数码照片。本书采用了职业教育“项目引领，任务驱动”的教学模式进行编写，不仅仅是单一的技术讲解，还是根据市场的实际需要，从行业知识、专业技能，到综合素质的全面展示，注重培养学生学习知识的能力，激发学生的创造力。为方便教师教学和学生学习，本书配有电子课件和素材文件，读者可登录机械工业出版社教育服务网站（www.cmpedn.com）免费注册下载，或联系编辑（010-88379194）咨询。

本书可作为职业学校平面设计，美术设计及相关专业的教材，也可作为相关专业的培训教材。

图书在版编目（CIP）数据

平面设计与制作综合实训/罗志华，刘新安主编．—北京：机械工业出版社，2015.9（2021.1重印）

职业教育数字媒体技术应用专业系列教材

ISBN 978-7-111-51540-1

Ⅰ．①平…　Ⅱ．①罗…　②刘…　Ⅲ．①平面设计—图形软件—职业教育—教材　Ⅳ．①TP391.41

中国版本图书馆CIP数据核字（2015）第214365号

机械工业出版社（北京市百万庄大街22号　邮政编码100037）

策划编辑：梁　伟　责任编辑：蔡　岩

责任校对：赵　蕊　封面设计：鞠　杨

责任印制：常天培

涿州市般润文化传播有限公司印刷

2021年1月第1版第5次印刷

184mm×260mm・12.25印张・264千字

6 001—7 000册

标准书号：ISBN 978-7-111-51540-1

定价：39.00元

电话服务

客服电话：010-88361066

010-88379833

010-68326294

网络服务

机　工　官　网：www.cmpbook.com

机　工　官　博：weibo.com/cmp1952

金　书　网：www.golden-book.com

机工教育服务网：www.cmpedu.com

职业教育数字媒体技术应用专业系列教材编写委员会

前　言

平面设计师常用的软件包括：图像处理软件、图形绘制软件、排版软件。图像处理软件以Photoshop为代表，擅长编辑图像的颜色、尺寸、分辨率、格式，以及制作特效等；排版软件则擅长组合文字和图片，包括InDesign、PageMaker等。图形绘制软件则擅长矢量图形绘制，如CorelDraw、Freehand、Illustrator等。在实际应用中常选择一两种企业常用的软件。比如对单页或多页、矢量图形绘制进行排版时用Illustrator、CorelDraw；而对报纸杂志等进行排版时用InDesign。这几种软件就可以完成平面设计工作的基本需要。

本书是计算机平面设计专业的综合实训教材，适用于有一定专业基础的学生学习。本书分别用Photoshop、CorelDraw、Illustrator这3个平面设计常用软件编排了8个商业项目，每个项目都是一个完整的商业案例。本书采用了职业教育“项目引领，任务驱动”的教学模式进行编写，不仅仅是单一的技术讲解，还是根据市场的实际需要，从行业知识、专业技能，到综合素质的全面展示，注重培养学生学习知识的能力，激发学生的创造力。本书从最根本的行业需求出发，了解案例的项目背景，引发学生对案例的设计和制作细节进行深入思考，从而同步进行思维方式和软件技能的培训。

本书由罗志华、刘新安任主编，严诗泳、季薇、李素青任副主编。各项目参编人员如下：项目1由李素青、严诗泳编写；项目2由刘新安、周翠玉编写；项目3由罗静、夏晓晨、季薇编写；项目4由罗志华、严诗泳编写；项目5由张志威、张铄、严诗泳编写；项目6由罗志华、张铄、季薇编写；项目7由罗志华、季薇、严诗泳编写；项目8由季薇、张铄编写。

由于编者水平有限，书中难免有疏漏和不妥之处，诚恳希望读者不吝赐教。

编　者

目　　录

前言
项目1　设计卡片 1
任务1　设计咖啡店名片 2
任务2　设计企业名片 8
任务3　设计结婚请柬 13
任务4　设计圣诞贺卡 18
任务5　设计万圣节卡片 27
任务拓展　设计母亲节贺卡 33
项目2　设计标志 35
任务1　设计藤艺家装公司标志 36
任务2　设计化妆品公司标志 44
任务3　设计优时软件标志 48
任务4　设计农商投资标志 51
任务拓展　设计《中学生报》标志 55
项目3　设计宣传海报 57
任务1　设计化妆品宣传海报 58
任务2　设计蛋糕店宣传海报 62
任务3　设计化妆品公司宣传海报 68
任务拓展　设计社团招新海报 78
项目4　设计DM单广告 79
任务1　设计美容院折页——外折页 80
任务2　设计美容院折页——内折页 85
任务3　设计美容院折页——效果图 90
任务4　设计灯饰店折页 95
任务拓展　设计啤酒宣传单 101
项目5　设计书籍封面 103
任务1　设计小说图书封面 104
任务2　设计宣传画册封面 109
任务3　设计中学生优秀作文封面 114
任务拓展　设计房产项目封面 117

目录

项目6　设计产品包装......119

任务1　比萨包装——设计包装盒......120

任务2　比萨包装——设计购物袋......126

任务3　设计话梅包装盒......133

任务4　设计柔美丝产品包装盒......137

任务拓展　设计茶叶包装......148

项目7　设计产品广告......149

任务1　设计食品广告——BOBO西饼屋广告......150

任务2　设计首饰广告——钻戒广告片......154

任务3　设计美容院展架广告......158

任务4　设计灯饰广告......168

任务拓展　设计手机广告......172

项目8　精修与设计数码照片......173

任务1　精修化妆品产品照片......174

任务2　柔化肌肤......183

任务3　设计儿童写真照片......186

任务拓展　精修设计数码照片......189

项目1

设计卡片

项目描述

卡片一般分为名片、VIP卡、贺卡等，是人们联络感情，传递友谊的使者。随着经济的发展，卡的功能性、装饰性都有较强的个性化、人性化和实用化。本项目根据市场的实际需求，将创意、个性和简洁用艺术形式表现出来。

学习目标

本项目主要掌握运用Photoshop中的一些基本工具制作出简单又有个性的实例。例如，运用钢笔工具、渐变工具、滤镜等制作出个性的效果。运用自由变换、图层混合模式进行合理的排版。

任务1　设计咖啡店名片

任务描述

本任务需要设计制作咖啡店名片。咖啡店名片一般在咖啡店吧台放置，名片上印有咖啡店名称、网址、地址和电话等。它的主题明确，不需要太多内容装饰。主要采用引导的表现手法，通过背景烘托咖啡的气氛，让人想起咖啡，咖啡色主调使名片主题明确。

任务分析

咖啡店名片正反两面效果如图1-1所示。主题背景颜色以咖啡色为主，突出主题色彩，并通过适当的文字排版显示广告的主题和内容。

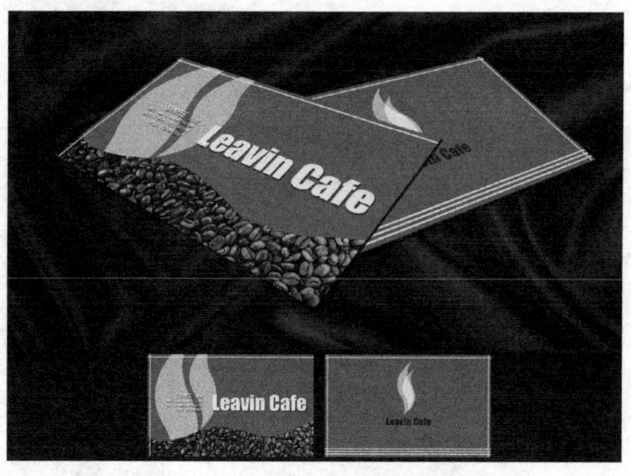

图1-1　咖啡店名片正反两面效果

◆ 任务实施

1）启动Photoshop CS6，执行“文件”→“新建”命令，打开“新建”对话框，设置文件“名称”为“咖啡店名片设计”，设置“宽度”为“90毫米”，“高度”为“54毫米”，“分辨率”为“72像素/英寸”，“颜色模式”为RGB模式，单击“确定”按钮，创建一个新的图像文件，如图1-2所示。

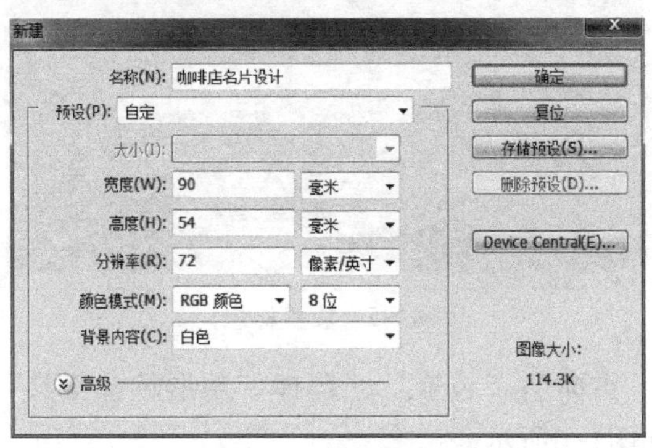

图1-2　新建文件

2）新建一个图层，重命名“背景1”，设置前景色为R：152、G：83、B：50，选择“填充工具”，填充“背景1”图层，如图1-3所示。

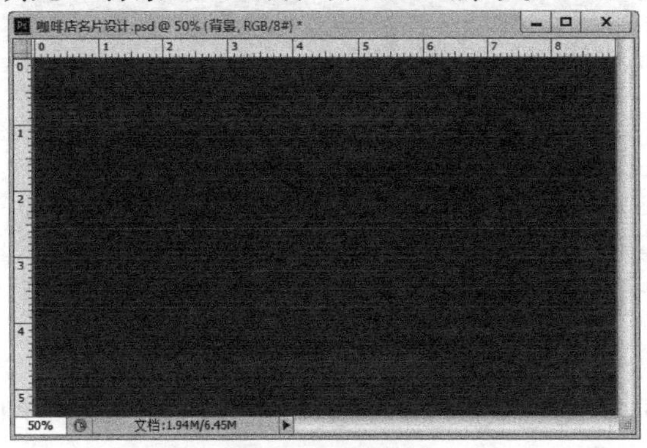

图1-3　填充背景色

3）打开素材“咖啡豆.psd”文件，把咖啡豆图片移动到图像文件中，重命名“咖啡豆”，按<Ctrl+T>组合键，缩小图像移动到下方合适位置，按<Enter>键结束，如图1-4所示。

图1-4　咖啡豆图片效果图

4）打开素材“标志.psd”文件，把标志图片移动到图像文件中，重命名“标志”，按<Ctrl+T>组合键，缩小图像移动到合适位置，按<Enter>键结束，如图1-5所示。

图1-5　放置标志

5）新建一个图层，重命名“边框”，选择“矩形选择工具”，在该图层绘制横竖两个条形矩形选区，如图1-6所示。

图1-6　绘制条形选区

6）设置前景色为R：227、G：103、B：165，在“边框”图层填充条形选区，如图1-7所示。

图1-7　填充边框效果

7）打开素材“素材1.png”文件，把图片移动到图像文件中，重命名“烟雾”，按<Ctrl+T>组合键，缩小图像移动到合适位置，按<Enter>键结束，并按<Alt>键拖动图像复制一个烟雾，再按〈Ctrl+T〉组合键改变烟雾大小，调整两个烟雾的组合和位置，如图1-8所示。

图1-8　咖啡烟雾放置效果

8）打开素材文本，将广告文字内容分别用横排文字输入，字体为“黑体”，字体颜色为“白色”双击图层，在“图层样式”中勾选“投影”样式，单击“确定”按钮结束，效果如图1-9所示。

图1-9　名片正面效果

9）重新执行“文件”→“新建”命令，打开“新建”对话框，设置文件“名称”为“咖啡店名片设计背面”，设置“宽度”为“90毫米”，“高度”为“54毫米”，“分辨率”为“72像素/英寸”，“颜色模式”为RGB模式，单击“确定”按钮，创建一个新的图像文件制作卡片背面，如图1-10所示。

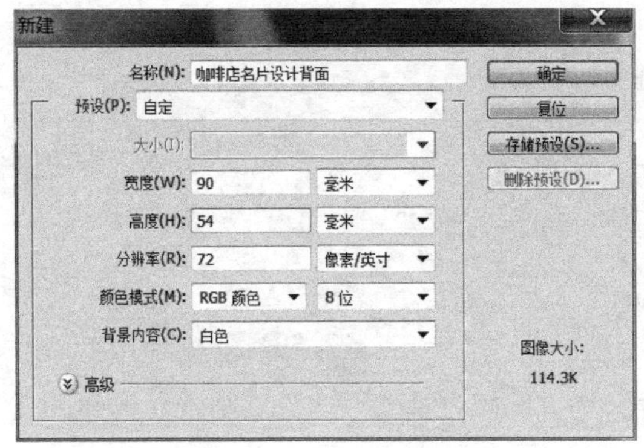

图1-10　新建文件制作名片背面

10）新建一个图层，重命名为“背景1”，设置前景色为R：152、G：83、B：50，选择“填充工具”，填充“背景1”图层，效果如图1–11所示。

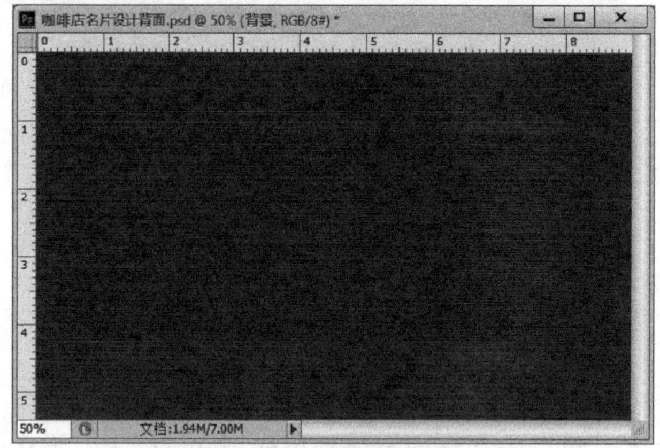

图1–11　填充背景色

11）打开素材“素材2.png”文件，把图片移动到图像文件中，重命名为“烟雾”，按<Ctrl+T>组合键，缩小图像移动到合适位置，按<Enter>键结束，如图1–12所示。

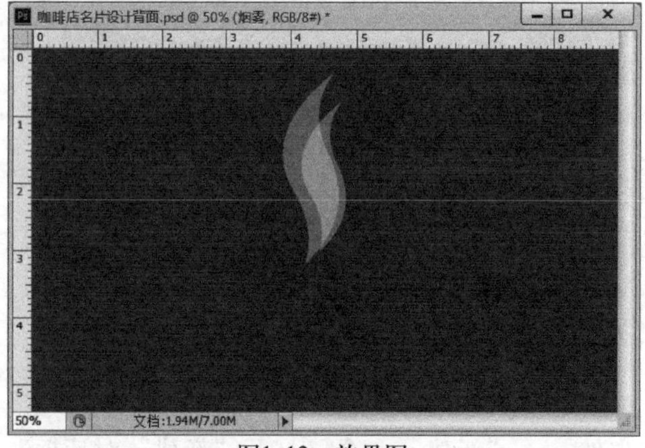

图1–12　效果图

12）打开素材“背面标志.psd”文件，把背面标志图片移动到图像文件中，重命名为“标志”，按<Ctrl+T>组合键，缩小图像移动到合适位置，按<Enter>键结束，如图1–13所示。

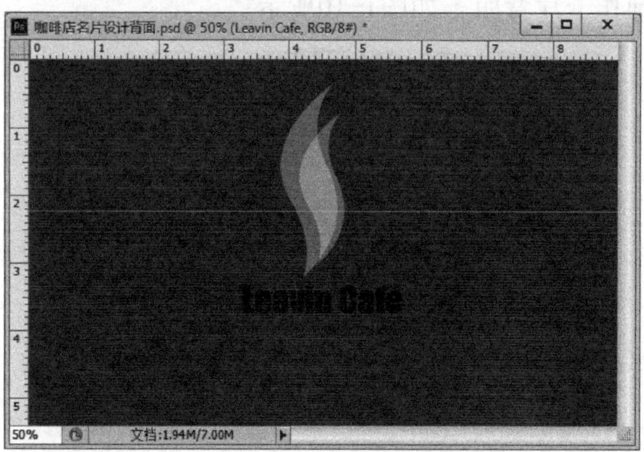

图1–13　放置标志

13）新建一个图层，重命名为“边框”，选择“矩形选择工具”，在该图层绘制横竖共6个条形选区，如图1–14所示。

图1–14　制作条形选区

14）设置前景色为R：227、G：103、B：165，在“边框”图层填充条形选区，如图1–15所示。至此，本任务制作完成。

图1–15　效果图

15）最终效果图如图1–16所示。

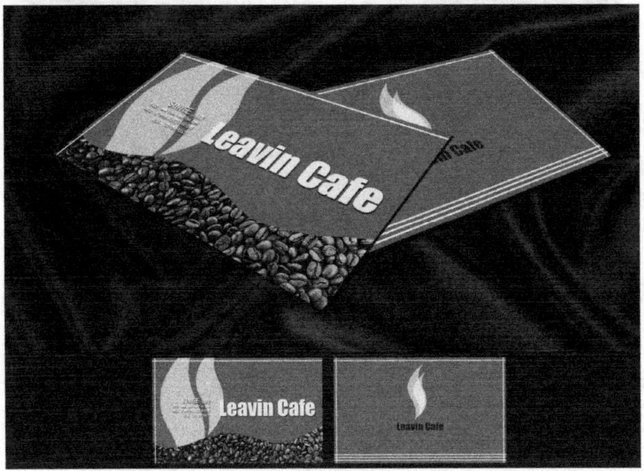

图1–16　最终效果图

知识技巧点拨

1）“吸管工具”用于吸取图像中的颜色，在正反两面的背景颜色相同的情况下，可以使用。

2）使用“矩形选择工具”绘制时，可以按<Alt>键并拖动鼠标左键复制填充好颜色的矩形，要多进行练习。

任务2　设计企业名片

■ 任务描述

本任务将带领读者制作一个商业名片，市场上的名片各式各样、琳琅满目。名片能体现企业的形象、身份，不同行业的名片其款式、颜色、图案都有所不同。本任务根据行业的特点思考和定位，制作并不复杂，用抽象的图形体现行业的性质，背景的淡颜色烘托产品温暖的感觉。

◆ 任务分析

本任务学习设计企业名片，主要运用CorelDRAW X6的“变形工具”把矩形旋转扭曲成螺旋纹理，利用精确剪裁命令修改图形多余部分。使用“文字工具”添加文字，把.psd格式的图片转换为位图去掉背景颜色。企业名片的最终效果，如图1-17所示。

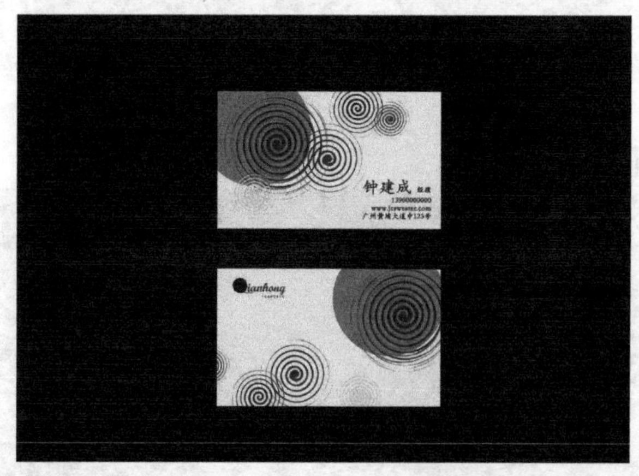

图1-17　企业名片最终效果图

◆ 任务实施

1）启动CorelDRAW X6，执行“文件”→“新建”命令，打开“新建”对话框，设置文件“名称”为“企业名片”，设置大小为B5（ISO），页码数为1，原色模式为

RGB，渲染分辨率为150dpi，单击“确定”按钮，创建一个新的图像文件，如图1-18所示。

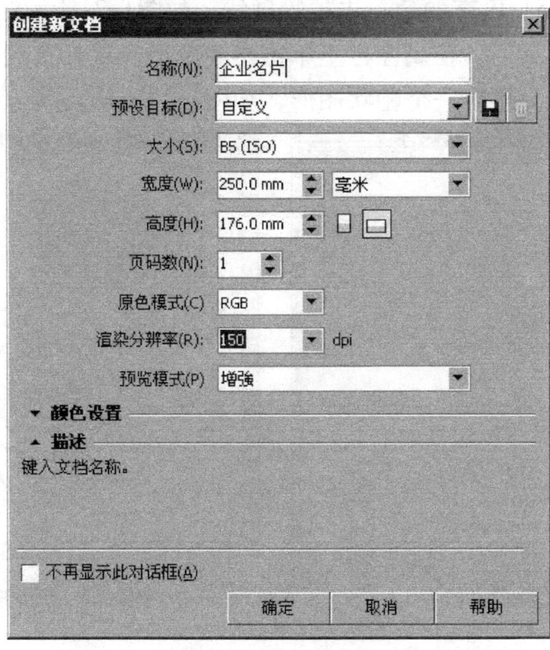

图1-18　新建文件

2）选择“矩形工具”，画一个矩形，在属性栏上调整对象大小，宽为90mm、高为54mm。双击右下角的颜色填充，在模型中输入米黄色（R：255、G：255、B：174）。在调色板中选择最顶端的空白图标并单击鼠标右键，在弹出的快捷菜单中选择“删除轮廓线”，去掉轮廓线，效果如图1-19所示。

3）选择“椭圆工具”，按<Ctrl>键画出正圆形，调整对象大小为宽、高各45mm。填充颜色为灰绿色（R：169、G：167、B：115），去掉轮廓线。将圆形移动到左上角，超出画面一些，如图1-20所示。

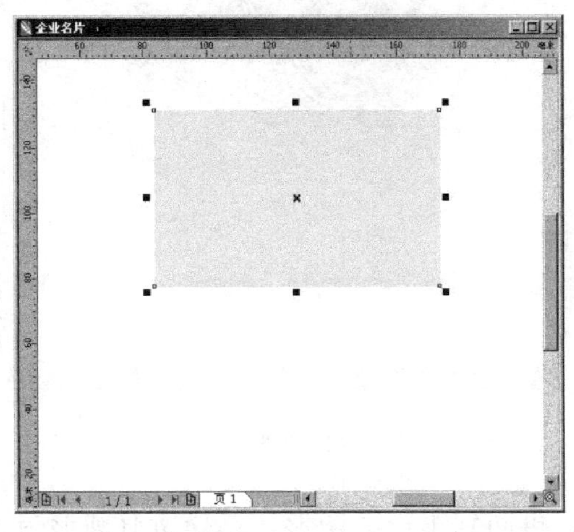

图1-19　绘制轮廓

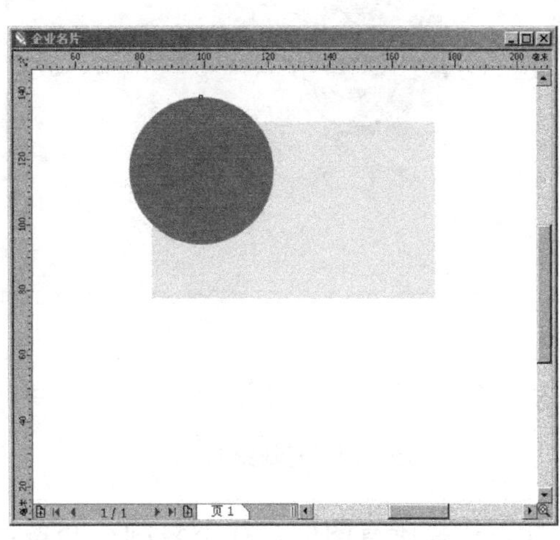

图1-20　添加圆形

4）选择“矩形工具”，按<Ctrl>键画出一个正方形，在调色板中单击桔色（R：169、G：167、B：115）填充颜色，去掉轮廓线，如图1-21所示。

5）选择“变形工具”，在属性栏上单击扭曲变形。鼠标移到矩形的左边，单击鼠标按顺时针方向绕8圈，得出一个靶状图形，如图1-22所示。

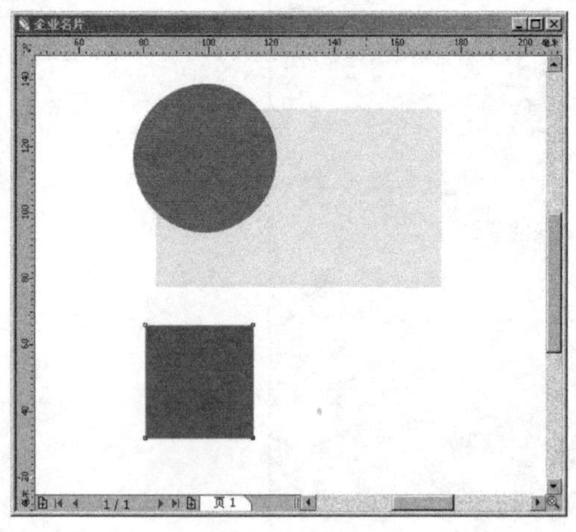

图1-21　绘制正方形

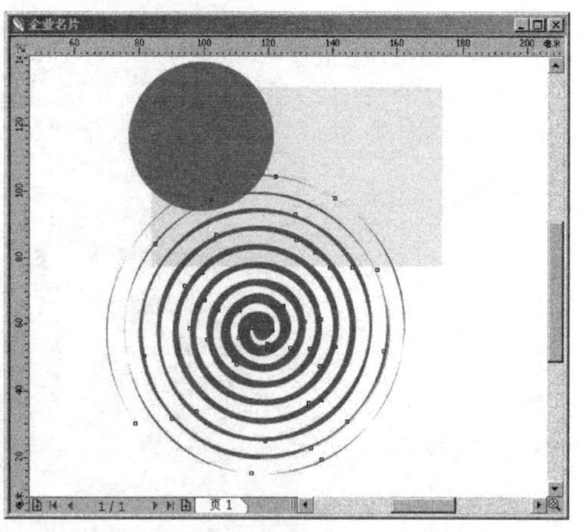

图1-22　正方形变形

6）调整大小，移到左上角。单击鼠标左键移动的同时单击鼠标右键复制图形。再次单击左键将图形旋转一定角度，单击调色板的紫红色（R：153、G：51、B：102）填充颜色。将两个靶形错落重叠，如图1-23所示。

7）按照第4）、5）的方法，运用“变形工具”旋转不同的方向与圈数，绘制出其他4个靶形。分别填充颜色为钴蓝色（R：102、G：102、B：225）、深绿色（R：0、G：102、B：51的）、黄色（R：255、G：255、B：0）与玫红色（R：255、G：0、B：102）。调整大小并放置在矩形的左上方。效果如图1-24所示。

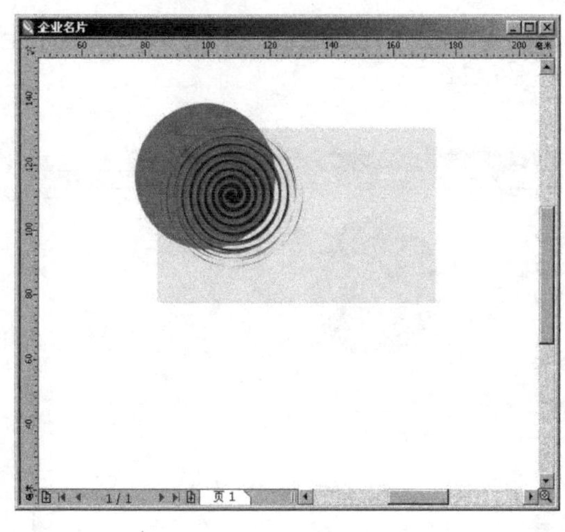

图1-23　复制图形

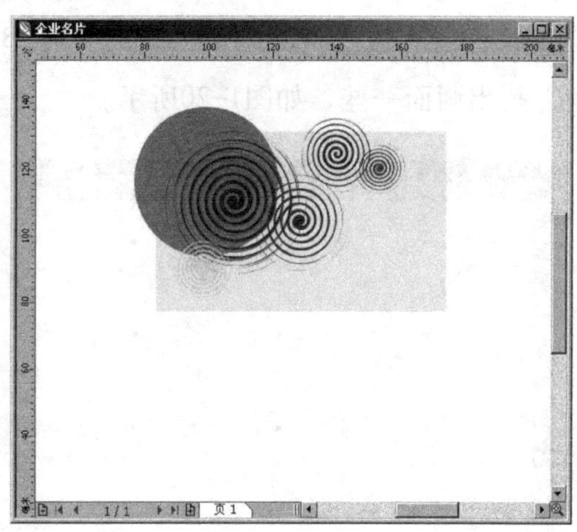

图1-24　绘制图形

8）选择所有图形，往下复制一套备用。再回到第一套图形，选择所有圆形与靶形，在工具栏中执行“效果”→“图框精确剪裁”→“置于图文框内部”命令，单击矩形。将超出矩形边界的圆形与靶形裁掉，同时固定其他靶形。效果如图1-25所示。

9）选择“文字工具”，用鼠标画出文本框，输入“钟建成、经理、13900000000、www.jcsweater.com、广州黄埔大道中123号”等信息。在属性栏中选择“华文楷体”，文本对齐右侧。姓名大小为18pt，其余字体为8pt，颜色填充为墨绿色（R：30、G：64、B：60）。添加同色轮廓线。将文本放置在矩形右下角，名片正面完成。效果如图1-26所示。

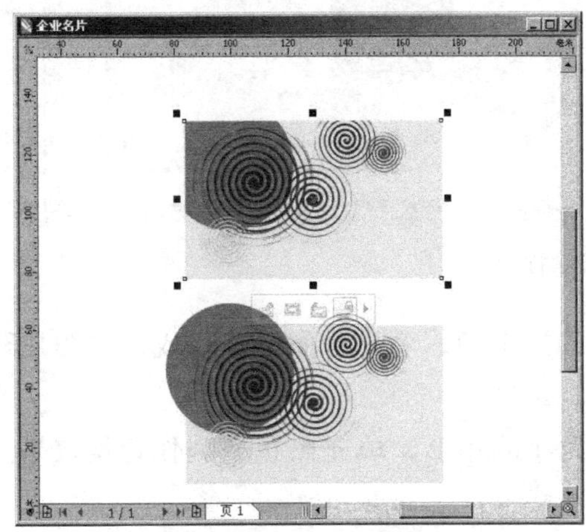

图1-25　复制备用图形

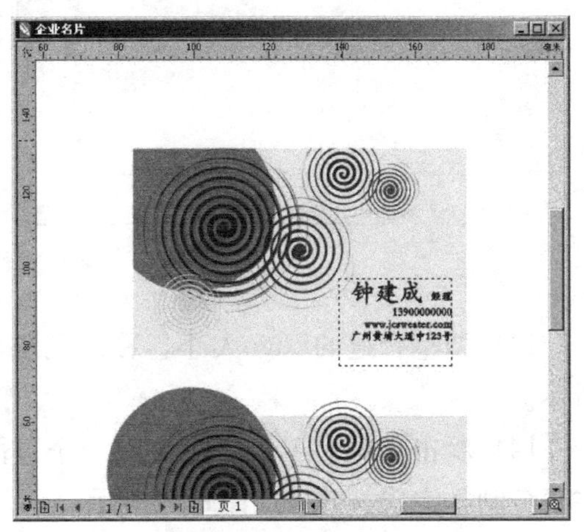

图1-26　添加文本

10）选择下方备用图形制作名片背面。选择圆形和两个大的靶形，移动到矩形的右上角。其余的靶形移动到左下角，调整位置如图1-27所示。

11）选择所有矩形与靶形，执行“效果”→“图框精确剪裁”→“置于图文框内部”命令，单击矩形，把图形剪裁至矩形内。效果如图1-28所示。

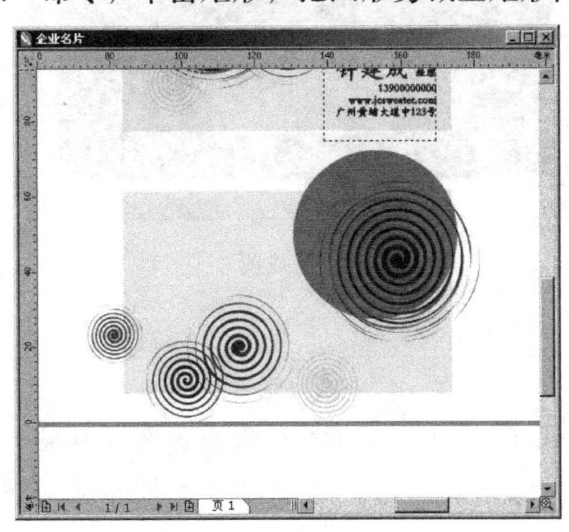

图1-27　调整位置

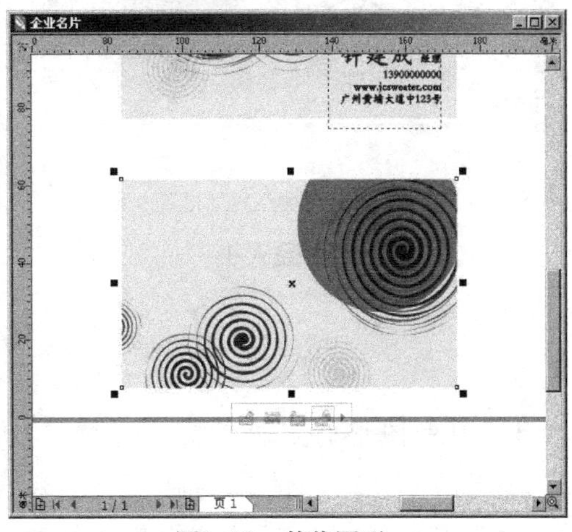

图1-28　剪裁图形

12）导入Logo素材“1-1.psd”，执行“位图”→“转换为位图”命令把素材转为位图，然后执行“位图”→“位图颜色遮罩”命令，打开“位图颜色遮罩”对话框。勾选第一条颜色，单击“吸管工具”吸取Logo白色区域，参数数值为100，单击“应用”按钮。Logo白色底图被遮罩，效果如图1-29所示。

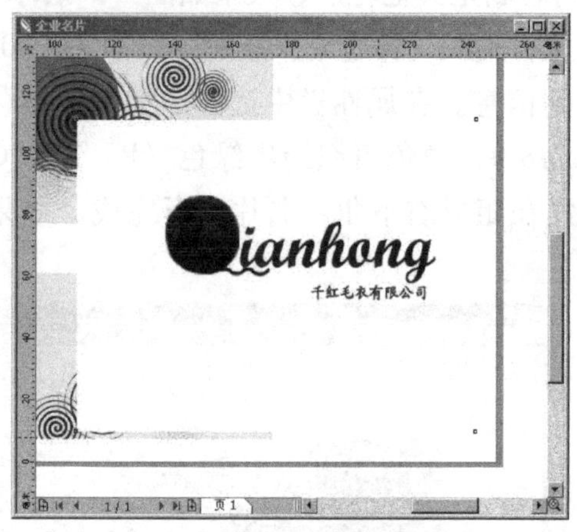

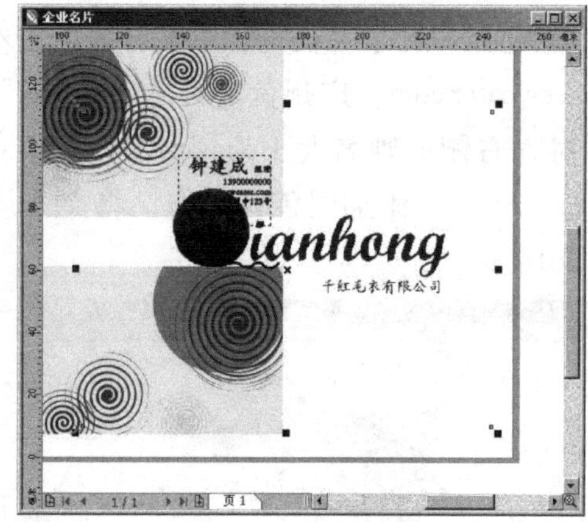

图1-29　去除背景

13）调整合适的Logo大小，移动到矩形的左上角。名片背面制作完成，如图1-30所示。

14）双击“矩形工具”，出现一个页面大小的矩形，填充黑色，制作背景效果。本任务制作完成，效果如图1-31所示。

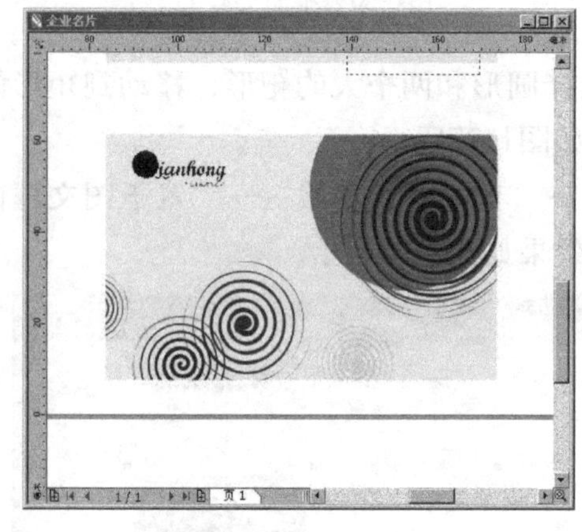

图1-30　调整大小

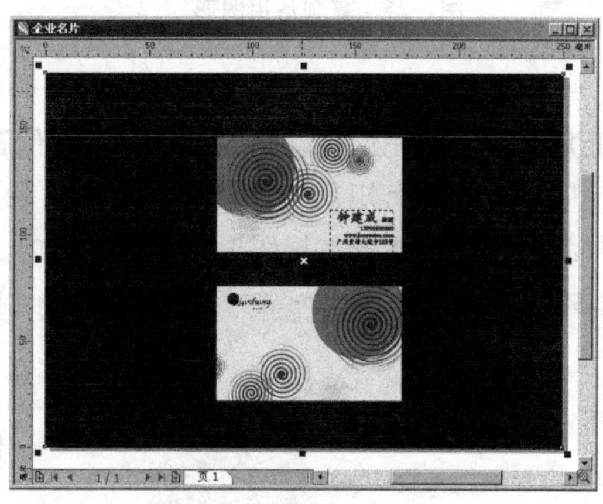

图1-31　完成图

知识技巧点拨

1）复制图形的方法包括：①按<Ctrl+C>组合键和<Ctrl+V>组合键复制粘帖；②选择图形，按<+>键直接原位复制粘帖；③选择图形，单击鼠标左键移动的同时单击鼠标右键，也可以进行复制粘帖。

2）使用“精确剪裁”命令，先选择要修整的图形，再单击“精确剪裁”命令，鼠标变成箭头时单击要修改成型的图形。在CorelDRAW X6软件中，已去掉“图形自动居中”命令，可以直接原位置修改。

3）当矢量图形导入到位图软件中时，一定要转换为位图才能做进一步修改。

任务3　设计结婚请柬 <<<

■ 任务描述

婚礼举行前需要发送结婚请柬给亲朋好友，我们传统的请柬都是以红色为主，突显喜庆气氛。本任务不同以往的红色请柬，以粉红色为底色烘托出浪漫温馨的氛围，将新人的相片作为封面展现请柬的专属性和独特性。文字的内容亲切，使被邀请者体会到主人的热情与诚意。请柬的设计以现代元素为主，表现出新时代婚礼的特色和风格。

◆ 任务分析

本任务制作结婚请柬，使用的工具并不多，如用“自定形状工具”制作花纹和图案，用“填充工具”填充底纹图案、设置图层样式，使用“文字工具”制作文字段落等。最后效果如图1-32所示。

图1-32　结婚请柬效果图

◆ 任务实施

1）启动Photoshop CS6，执行“文件”→“新建”命令，打开“新建”对话框，设置文件“名称”为“结婚请柬”，设置“宽度”为“297毫米”，“高度”为“210毫米”，“分辨率”为“75像素/英寸”，“颜色模式”为“RGB颜色”，单击“确定”按钮，创建一个新的图像文件，如图1-33所示。

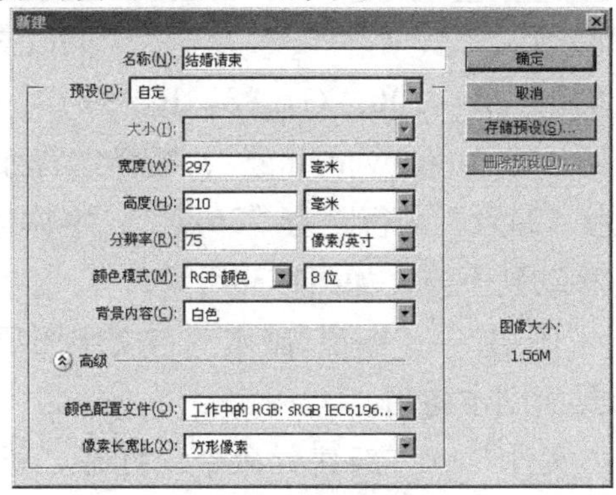

图1-33　新建文件

2）新建“图层1”，设置前景色为R：240、G：205、B：190。单击“矩形工具”，在属性栏上选择填充px，在几何图形中勾选“固定大小”，设置宽为“14厘米”，高为“14厘米”，在画面上出现1个正方形，复制“图层1副本”备用，如图1-34所示。

3）打开素材“照片.jpg”，移动到请柬文件里。按〈Ctrl+T〉组合键，调整大小，宽度与“图层1”宽度一致，移动到上方，如图1-35所示。

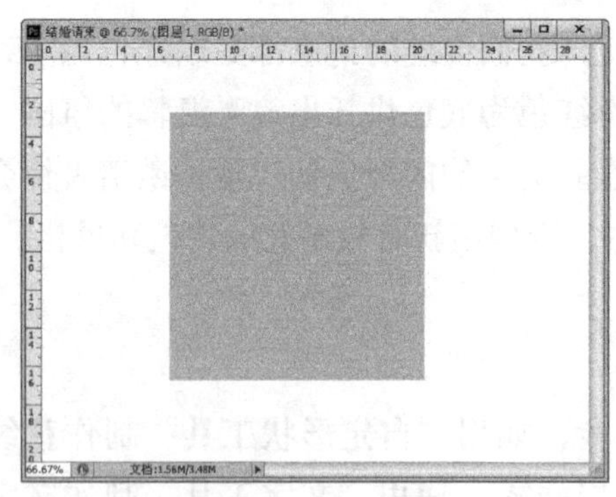

图1-34　填充色彩

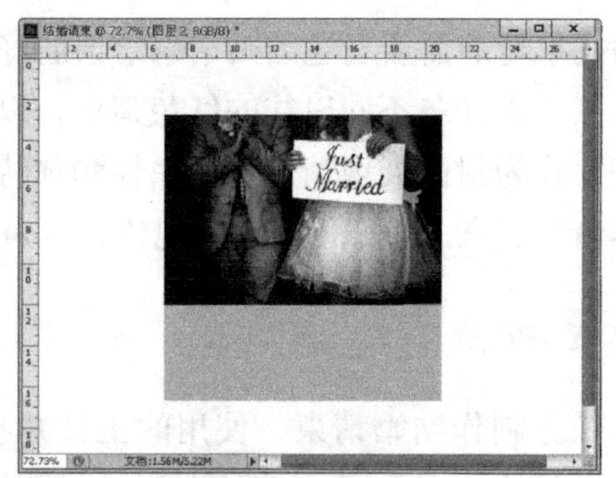

图1-35　移动图片

4）新建“图层3”，选择“自定义形状工具”，在属性栏上选择填充px，形状为装饰5，按〈Shift〉键画出一个花纹。执行“编辑”→“描边”命令，弹出“描边”对话框，描边设为1.5px，位置居中，加粗花纹的线条，如图1-36所示。

5）选择花纹，按〈Alt〉键，向右水平移动，复制花纹副本，连续复制两个并排放在一起。选择花纹的3个图层，合并图层为“图层3 副本2”。按〈Ctrl+T〉组合键，调整大小，放在照片下方，如图1-37所示。

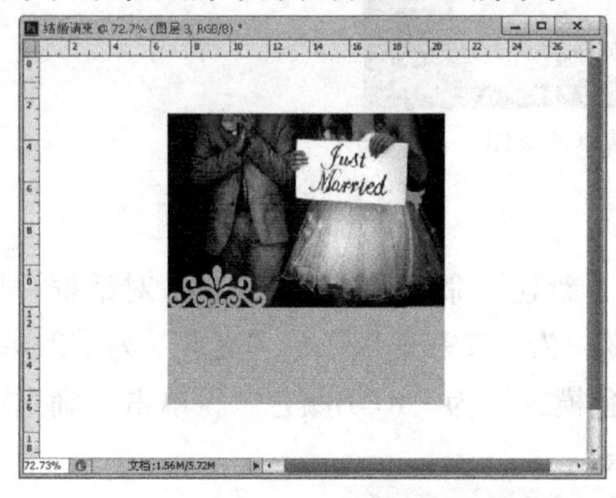

图1-36　添加花纹

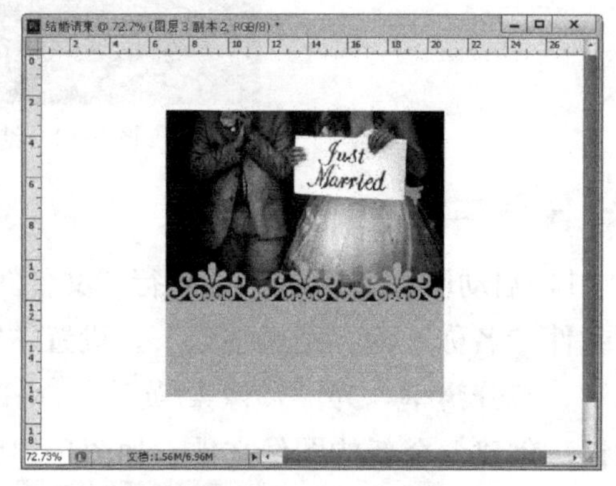

图1-37　复制花纹

6）设置前景色为深灰色（R：100、G：88、B：92），选择“文字工具”，输入“2014.3.14 Friday welcome to our wedding”，选择字符面板，调整参数，字体为“Chaparral Pro”，大小为“24点”，行距为“36点”，字体加粗。在“段落面板”中勾选“居中对齐”文本，移动到下方，如图1-38所示。

7）将“图层1副本”“图层2”“图层3副本”与文字图层合并，并更改图层名字为“封面”。复制图层为封面副本备用。

8）制作图案。执行“文件”→“新建”命令，打开“新建”对话框，将其“宽度”“高度”均设置为“30毫米”，“分辨率”设置为“100像素/英寸”，“颜色模式”设置为“RGB颜色”，背景内容为透明。单击“确定”按钮，创建一个新的透明图像文件，如图1-39所示。

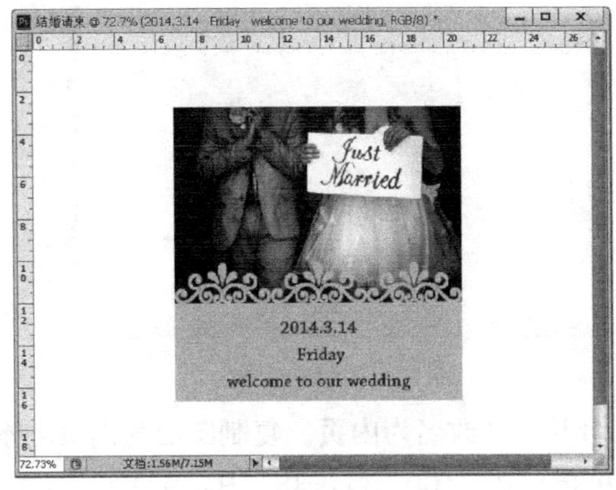

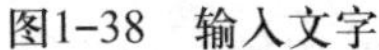

图1-38　输入文字

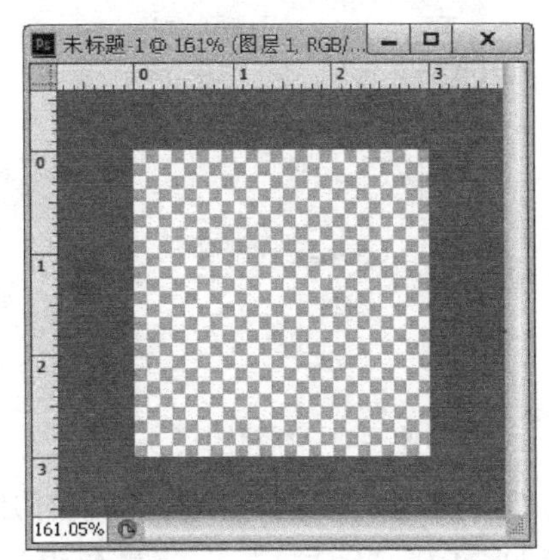

图1-39　新建透明图像文件

9）新建“图层1”，前景色设为白色，选择“自定义形状工具”，在属性栏上选择填充px，形状为装饰5，按<Shift>键画出一个花纹。复制图层，执行“编辑”→“变换”→“垂直反转”命令，移动两个图进行连接。合并花纹的两个图层得到“图层2”副本，如图1-40所示。按<Ctrl+T>组合键，调整为大小合适的正方形，移动到画面中心，如图1-41所示。

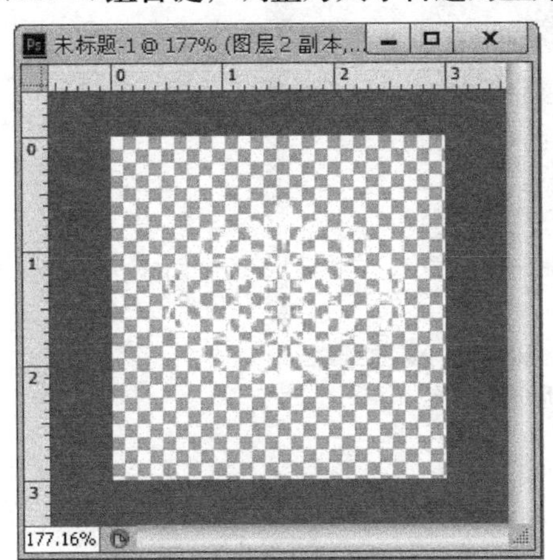

图1-40　自定义花纹

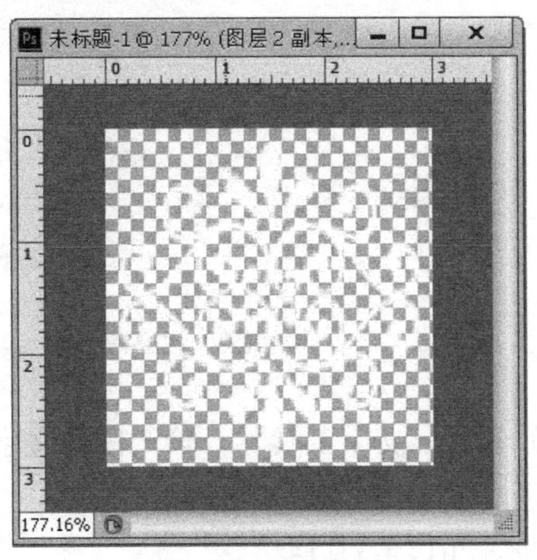

图1-41　移动花纹

10）执行“编辑”→“定义图案”命令，打开“图案名称”对话框，将名称改为“图案”，单击“确定”按钮，如图1-42所示。

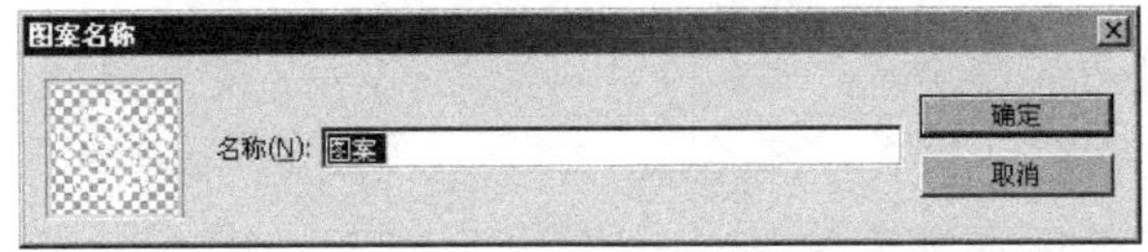

图1-42　自定义图案

11）返回结婚请柬文件，隐藏封面的图层，把“图层1”载入选区。在图层面板下方单击“创建新的填充或调整图层”按钮，选择图案命令。弹出“图案填充”对话框，选择自定的图案，缩放70%，勾选“贴紧原点”。新建一个“图案填充1”图层，不透明度设为50%，如图1-43和图1-44所示。

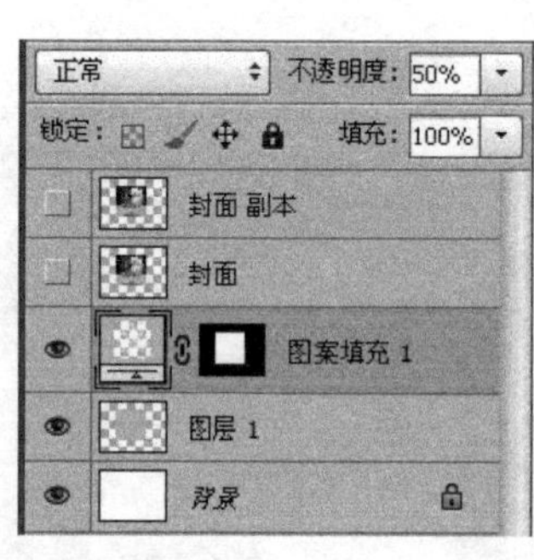

图1-43　新建图层

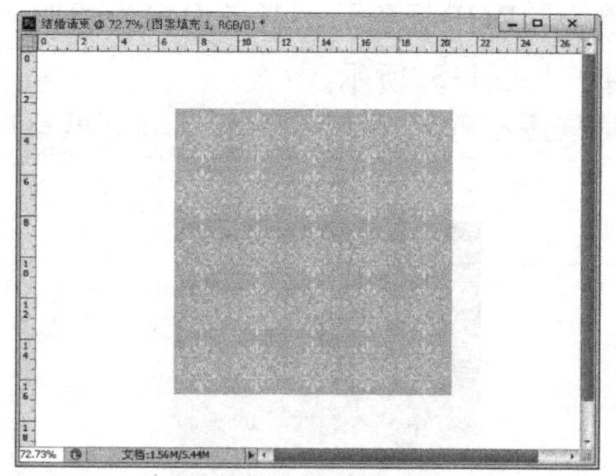
图1-44　填充图案

12）将图案“填充1”图层与“图层1”合并，并改名为内页。复制图层为内页副本。

13）新建“图层1”，前景色设为深灰色（R：100、G：88、B：92），再次选择“自定义形状工具”，在属性栏上选择填充px，形状为装饰5，按<Shift>键画出花纹，放在画面上方中间位置，如图1-45所示。

图1-45　重新绘制图案

14）选择“文字工具”，输入段落文字

沉浸在幸福中的我们俩于

公历：2014年3月14

农历：甲午年二月十四星期五

举办新婚喜宴

恭请____________________光临

席设：香格里拉酒店宴会厅

五时恭候 六时入席

地址：广州市海珠区琶洲大道中

罗密欧 朱丽叶

恭候

将此段落设置居中，选择字符面板，调整参数，字体为“黑体”、个别行大小为“18点”、其他大小为“14点”，行距为“30点”，字体加粗，颜色深灰色（R：100、G：88、B：92），如图1-46所示。

15）将“图层1”文本与内页副本图层合并为“图层1”。

16）选择封面图层，执行“选择”→“变换”→“斜切”命令，把封面往下移，再按<Ctrl+T>组合键，往左移动，做成半打开效果，如图1-47所示。

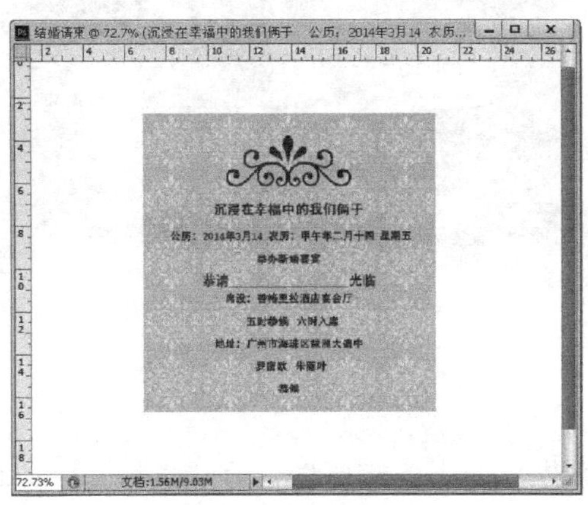

图1-46 输入文字

图1-47 展开效果

17）新建图层，选择“矩形选框工具”，羽化半径为2px，在封面左边画一条边。填充一条白边，不透明度设为35%，制作出折叠边的效果，如图1-48所示。然后添加投影效果。

18）选择内页图层，添加投影效果，用同样方法为封面图层添加投影，两个图层与“图层1”合并为封面图层，按<Ctrl+T>组合键，调整大小，向背景左上方移动，如图1-49所示。

图1-48 折叠边效果

图1-49 添加投影

19）单击“图层1”，执行“选择”→“变换”→“斜切透视扭曲”命令，制作出斜躺效果，添加投影效果。用同样的方法将封面副本制作成打开形状并添加投影。合并“图层1”与“封面副本”图层，命名为“封面副本”，如图1-50所示。

20）将背景填充颜色设为深灰色（其R、B、G均为73），本任务制作完成。最终效果如图1-51所示。

图1-50　展开效果

图1-51　最终效果完成图

知识技巧点拨

1）在Photoshop里，填充图案有两种方法：①选择菜单栏中的“选择”→“填充”命令，可以填充图案，但此命令只能按图案原来的大小平铺，不能调整图案大小。②选择菜单栏中的“图层”→“新建填充图层”命令，此命令可以调整图案的大小，还能根据画面随时调整更改比例。

2）请柬的打开效果，不能只用“自由变换工具”调整，一定要结合变换命令中的“切变工具”“透视工具”“扭曲工具”，交替使用调整，同时要懂得透视的基本原理，才能做出斜躺或打开效果。

任务4　设计圣诞贺卡

■ 任务描述

圣诞卡，除表示庆贺圣诞的喜乐外，就是向亲友祝福，以表怀念之情。尤其对在孤寂中的亲友，更是亲切的关怀和安慰。所以圣诞卡的画面通常要表现出缤纷、欢快、祥和的气氛。本任务学习制作圣诞卡，运用杏色的深浅渐变烘托出圣诞节的平静与祥和，使用雪花纷飞、圣诞礼物等效果增添节日的气氛。

◆ 任务分析

本任务学习制作圣诞贺卡，主要使用了“钢笔工具”绘制圣诞树，利用滤镜的杂色和“画笔工具”制作雪花效果，运用“色彩范围”命令提取素材。还有“矩形选框工具”“羽化”“变换”等。最终效果如图1-52所示。

图1-52　圣诞贺卡效果图

◆ 任务实施

1）启动Photoshop CS6，执行“文件”→“新建”命令，打开“新建”对话框，设置文件“名称”为“圣诞贺卡”，设置“宽度”为“21厘米”，“高度”为“29.7厘米”，“分辨率”为“75像素/英寸”，“颜色模式”为“RGB颜色”，单击“确定”按钮，创建一个新的图像文件，如图1-53所示。

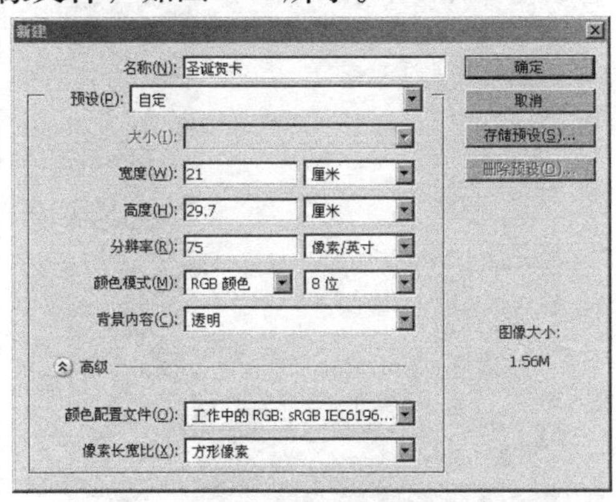

图1-53　新建文件

2）填充背景为红色（R：125、G：6、B：6）。新建“图层1”，设置前景色为R：250、G：200、B：180。单击“矩形工具”，在属性栏上选择填充px，在“几何图形”中选择“固定大小”，设置宽为“10厘米”，高为“18厘米”，在画面上出现矩形作为贺卡内页，如图1-54所示。

图1-54　贺卡内页底色

3）制作贺卡封面，复制“图层1”得到“图层1副本”，变为选区，选择“渐变工具”，单击径向渐变，打开渐变编辑器设置渐变颜色，位置0%，颜色为R：214、G：196、B：165；位置100%，颜色为R：177、G：154、B：110，在选区中拉渐变。效果如图1-55所示。

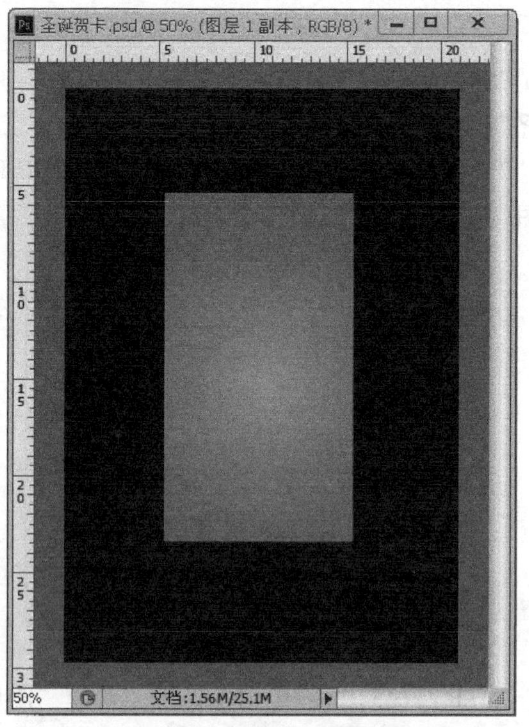

图1-55　贺卡封面底色

4）新建“图层2”，在封面下画一个矩形选区，填充白色，执行“滤镜”→“模糊”→“动感模糊”命令，角度为75，距离为16，制作出雪地的效果，如图1-56所示。

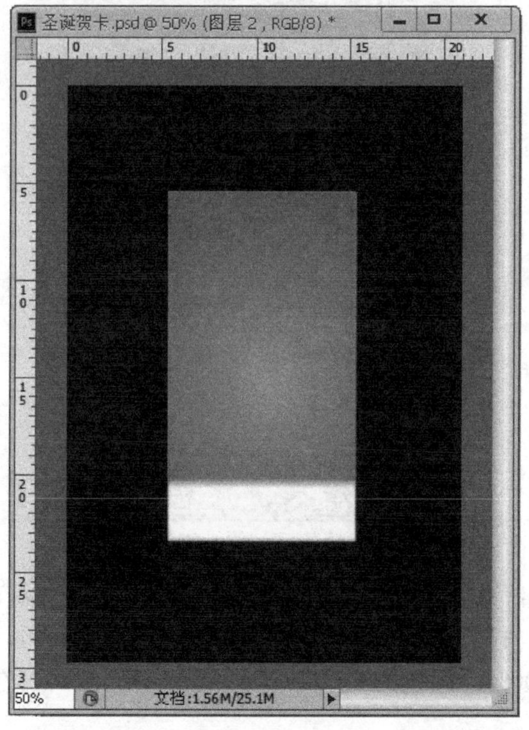

图1-56　雪地效果

5）绘制圣诞树，新建图层，用“钢笔工具”绘制一条弧线，转变为选区填充白色，效果如图1-57所示。多复制几层，按<Ctrl+T>组合键，调整大小、方向和位置，制作出树的形状。选择“画笔工具”，单击笔尖形状为“sharburst-small”，绘制树顶的星星。把弧线图层及副本和星星图层合并，改名为圣诞树，调整合适的大小并放在中央。效果如图1-58所示。

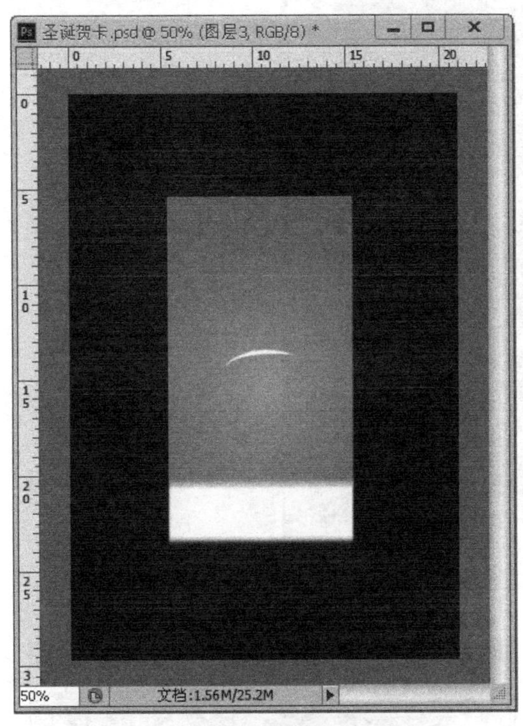

图1-57　绘制弧线

图1-58　制作圣诞树

6）制作雪花效果，新建“图层3”，选择“矩形选框工具”绘制一个大矩形，填充为黑色。执行“滤镜”→“杂色”→“添加杂色”命令，设置参数数量为400%、高斯分布、单色。再执行“滤镜”→“其他”→“自定”命令，打开“自定”对话框，其参数设置如图1-59所示。

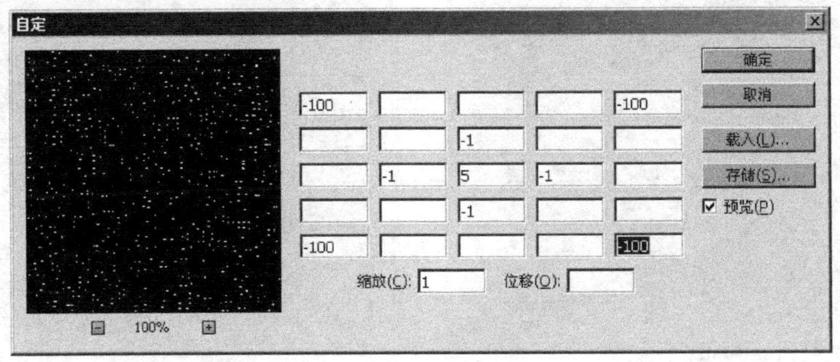

图1-59　自定的参数

7）用“矩形选框工具”选择一个区域，按<Ctrl+C>组合键复制，按<Ctrl+V>组合键粘贴，效果如图1-60所示。按<Ctrl+T>组合键，调整图像大小，设置模式为“滤色”，透明度为70%，如图1-61所示。最后隐藏“图层3”，出现雪花的效果，如图

1-62所示。

图1-60　添加杂色的效果

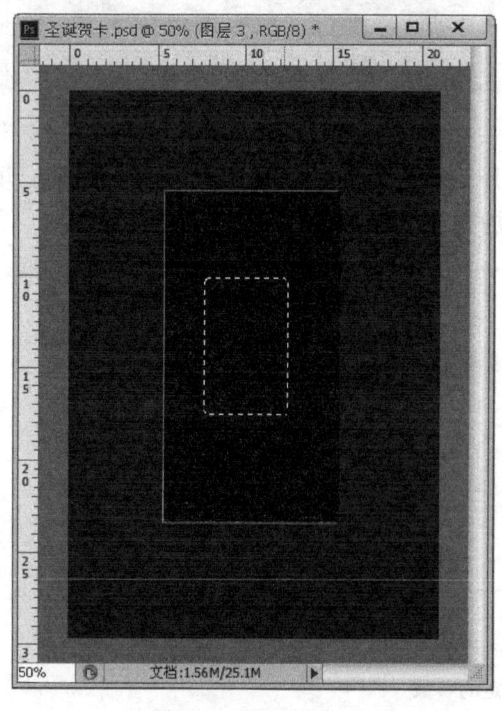

图1-61　选择区域

图1-62　雪花效果

8）新建“图层6”，选择“画笔工具”，打开画笔面板，勾选“雪花”图案，分别在形状动态和散布面板设置参数，如图1-63和图1-64所示。在画面画出雪花，如图1-65所示。

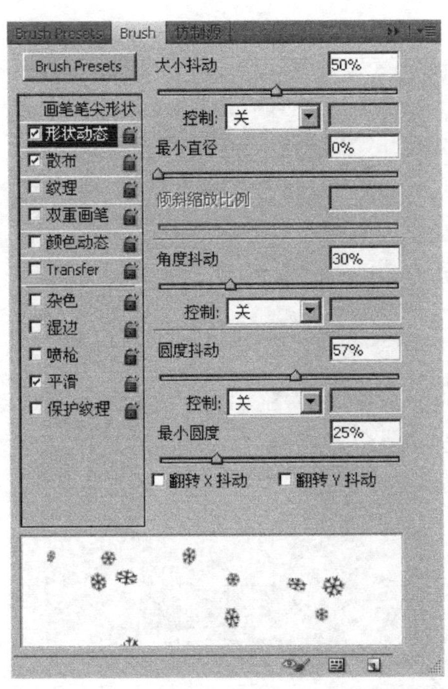

图1-63　设置画笔“形状动态”参数

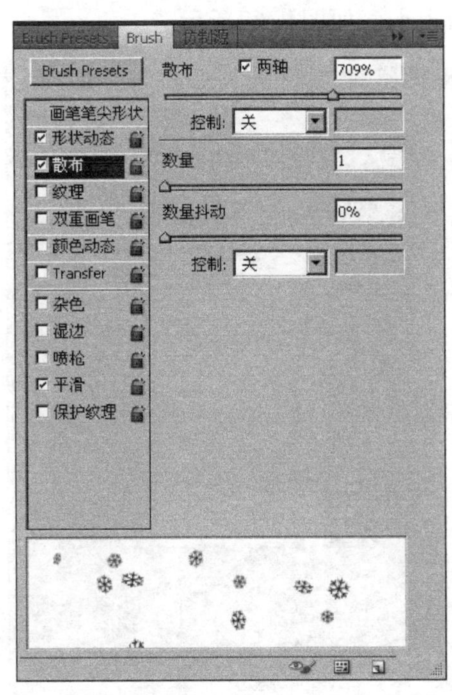

图1-64　设置画笔“散布”参数

图1-65　雪花画笔

9）新建图层，选择“钢笔工具”并在画面左上角交叉处画两条彩带，转变为选区，填充红色（R：151、G：7、B：7），放置在雪地“图层2”的下方，如图1-66所示。

10）打开素材“铃铛”，执行“选择”→“色彩范围”命令，将颜色容差值设为100，在“铃铛”处吸取白色部分，单击“确定”按钮，“铃铛”的四周白色部分变为选区，按<Ctrl+Shift+I>组合键反选铃铛，移动到贺卡的左上方，调整合适的大小，如图1-67所示。

图1-66　添加彩带

图1-67　添加铃铛

11）打开素材“老人”，选择“快速选择工具”，将“老人”四周白色部分选中，然后反选，移动到贺卡的下方，调整好合适的大小。用同样的方法把素材“礼物”移到贺卡左下方，如图1-68所示。

图1-68　添加圣诞老人

12）除“背景”“图层1”“图层1副本”3个图层外选中所有图层，按〈Ctrl+Alt+G〉组合键创建剪贴蒙版，遮挡制作超出贺卡的部分，如图1-69所示。

13）选择“图层1副本”和剪贴蒙版图层，执行“选择”→“变换”→“斜切”命令，把贺卡往下移，再按〈Ctrl+T〉组合键，往左移动，做成半打开效果，如图1-70所示。

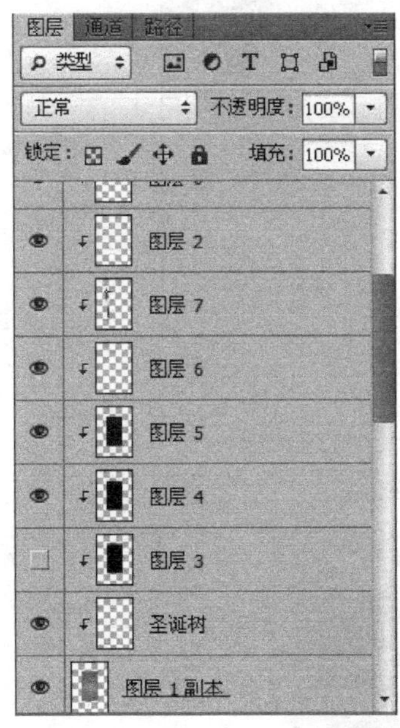

图1-69　创建剪贴蒙版

图1-70　半打开效果

14）新建“图层11”，选择“矩形选框工具”，羽化半径为2px，在贺卡左边画一条边。填充一条白边，不透明度设为45%，制作出折叠边的效果，如图1-71所示。

图1-71　添加折叠效果

15）选择“图层1”，打开“图层样式”对话框，添加投影效果，如图1-72所示。至此，本任务制作完成，最终效果如图1-73所示。

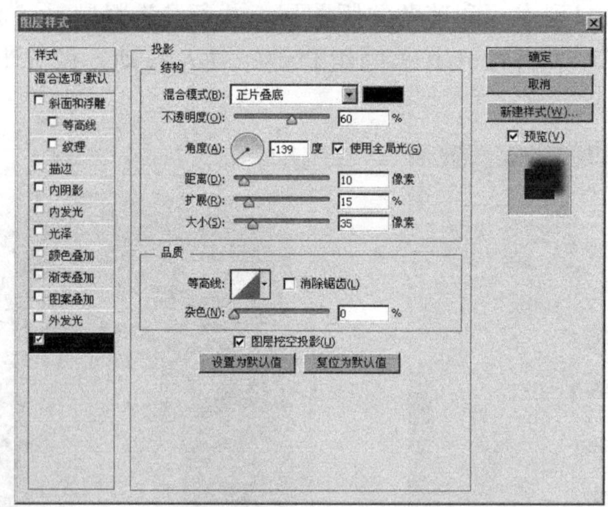

图1-72　设置投影参数

图1-73　最终完成效果图

知识技巧点拨

1）自定滤镜的作用是根据预定义的数学运算更改图像中每个px的亮度值，可以模拟出锐化、模糊或浮雕的效果。周围文本框中的数值可以控制与中心框中表示的px相关的px的亮度。

2）在图层中单击“创建剪贴蒙版”或按<Ctrl+Alt+G>组合键，可以把所选的多个图层添加为剪贴蒙版。如果在两个图层之间按<Alt>键，只能是一个图层制作为剪贴蒙版。

任务5　设计万圣节卡片

任务描述

西方的万圣节在每年10月31日举行，万圣节到来之前人们都会通过派发卡片邀请朋友参加节日晚会。本任务根据传统的黑、黄、橙等颜色以及南瓜、蝙蝠、十字架等元素，制作一张充满节日气氛的卡片。

任务分析

本任务学习使用CorelDRAW软件制作万圣节卡片，使用的工具以“形状工具”“贝塞尔工具”等为主，如用“矩形工具”和“椭圆形工具”画出卡片形状、南瓜形状、十字架与墓碑形状，再用造型命令合并或者修剪形状，用“贝塞尔工具”和“形状工具”绘制与修改不规则图形，用“渐变填充工具”填充渐变颜色，使用“文字工具”和“调和工具”制作特效文字等。最后效果如图1-74所示。

图1-74　万圣节卡片效果图

任务实施

1）启动CorelDRAW X6，执行“文件”→“新建”命令，打开“创建新文档”对话框，设置文件“名称”为“万圣节”，设置大小为“A4”（ISO），设置页码数为1，设置“原色模式”为RGB，设置“渲染分辨率”为150dpi，单击“确定”按钮，创建一个新的图像文件，如图1-75所示。

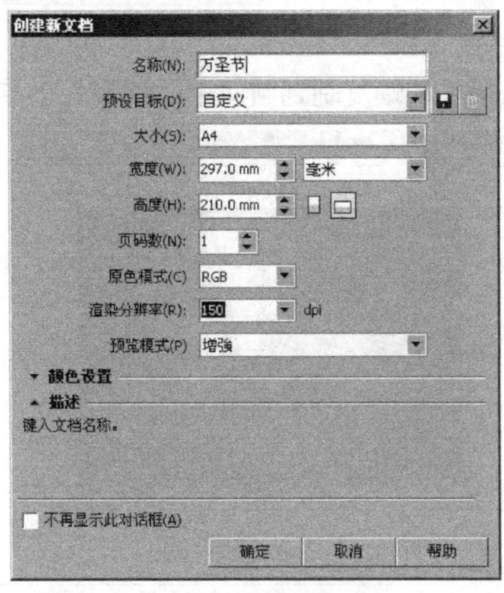

图1-75　新建文件

2）选择“矩形工具”，画一个矩形，在属性栏上调整对象大小，宽为210mm、高为148mm。在调色板中点选R、G、B分别为26的90%灰色。去掉轮廓线，如图1-76所示。

图1-76　绘制矩形卡片

3）制作月光背景，选择“椭圆工具”，按<Ctrl>键画出正圆形，调整对象大小为宽、高145mm，放置在矩形中间。选取渐变填充，在对话框中选择类型：辐射；边界为10%；颜色调和：自定义。区域中在0%位置R：0、G：0、B：0，在8%位置R：102、G：51、B：51，在35%和65%位置R：255、G：102、B：0，在100%位置R：255、G：255、B：102。去掉轮廓线，如图1-77和图1-78所示。

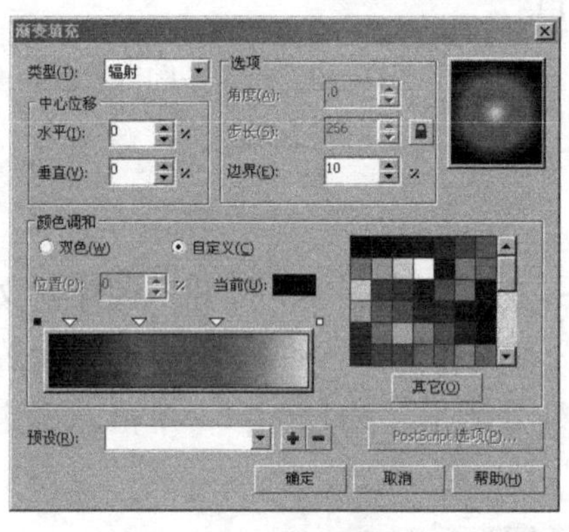

图1-77　制作参数

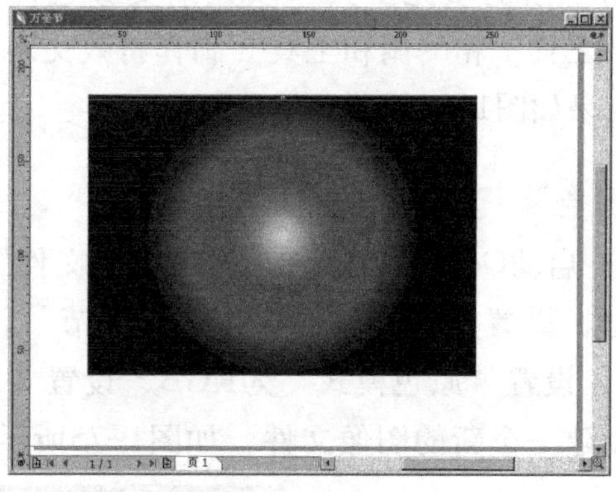

图1-78　制作月光

4）打开素材文件，将城堡、蝙蝠复制到画面中，调整大小与位置，效果如图1-79所示。

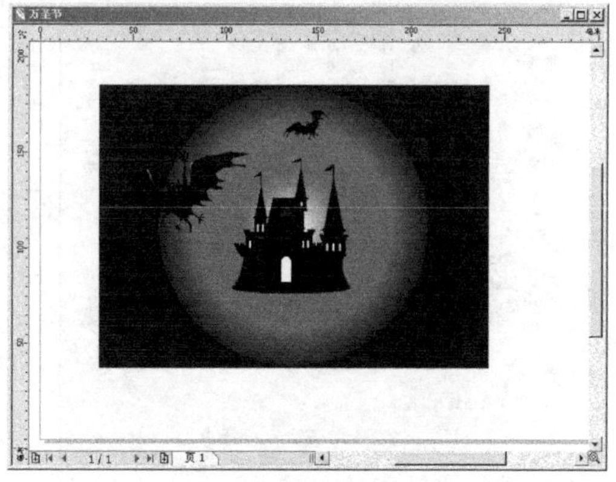

图1-79　添加素材

5）选用“贝塞尔工具”，在底部画出地面与连通城堡的路。填充为黑色，去掉轮廓线。效果如图1-80所示。

图1-80　绘制地面

6）选择“矩形工具”，分别画出水平与垂直的矩形，同时选中两个矩形，在“对齐与分布”对话框中勾选“水平居中对齐”，并点选“合并”，绘制出一个十字架图形，如图1-81所示。填充黑色，放置在画面的左下角，调整大小并旋转适合的角度。然后再复制一个相同的十字架。调整效果如图1-82所示。

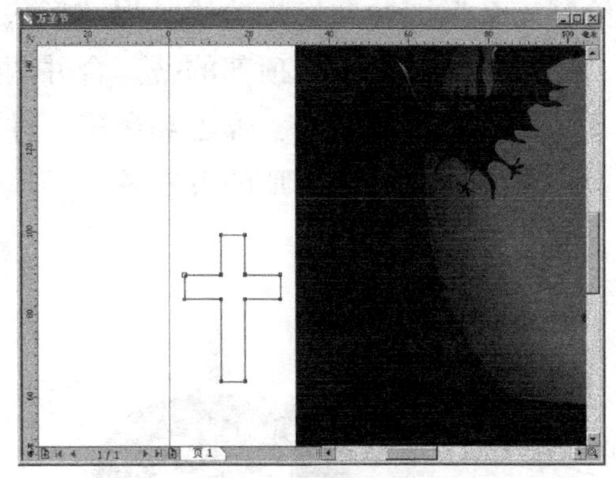

图1-81　制作十字架

图1-82　调整十字架大小与位置

7）用同样的方法，利用“矩形工具”与“椭圆形工具”绘制出墓碑，填充黑色，再复制一个分别放在十字架旁，调整大小与角度，效果如图1-83所示。

图1-83　绘制墓碑

8）选择“艺术笔工具”，点选喷涂，喷涂对象大小为“35%”，类别为“植物”，图像数为2，间距为“15mm”，沿着地面画出绿草，用“形状工具”调整位置，改颜色为“黑色”。效果如图1-84所示。

9）复制素材的树木，粘帖到画面右边，调整到与画面高度一致。再把红眼复制到树下，复制多个，调整大小与角度。效果如图1-85所示。

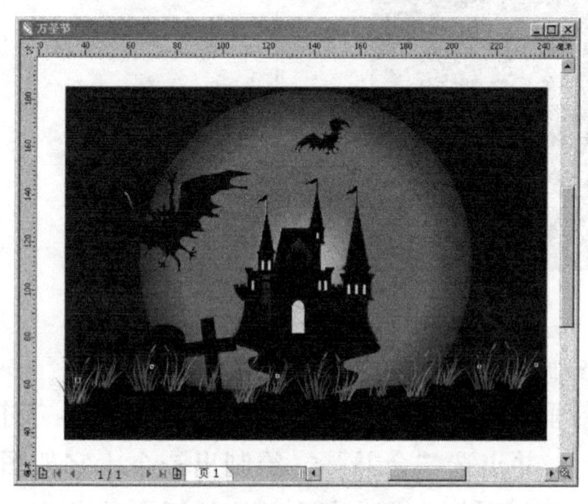

图1-84　制作小草

图1-85　添加枯树

10）绘制南瓜，选择“椭圆形工具”，绘制一个椭圆并转换为曲线，用“形状工具”调整左右两端使其变方一些，然后选择“贝塞尔工具”绘制顶部的蒂。合并两组图形，并复制一个备用。再选用“贝塞尔工具”绘制南瓜的眼睛、嘴巴和鼻子，并合并在一起。选择五官和南瓜，利用“移除前面对象”命令，把南瓜的五官挖空，填充为90%灰色，如图1-86所示。

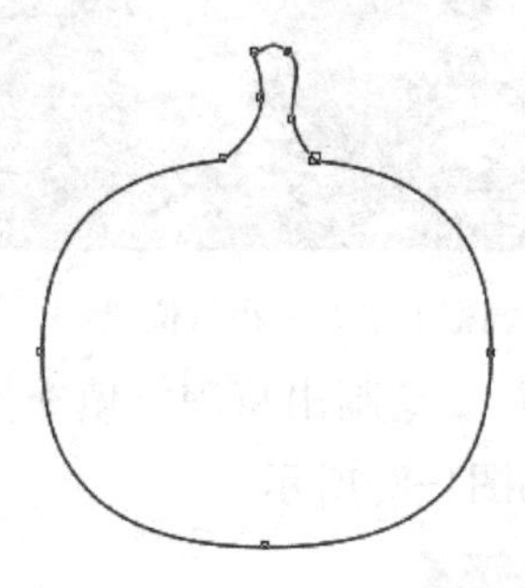

图1-86　绘制南瓜

11）在南瓜上再画一个椭圆，填充渐变颜色，参数如图1-87所示。把椭圆放在南瓜后面。选择“艺术笔工具”，设置笔刷，参数如图1-88所示，在南瓜上画4条边线，作为南瓜的凹痕，填充颜色为黄色（R：255、G：204、B：0），如图1-89所示。

12）用同样的方法，再绘制另一个不同表情的南瓜，效果如图1-90所示。将两个南瓜放置在树根上，调整位置和大小，效果如图1-91所示。

13）选择“文字工具”，输入“Halloween”文字，更改字体为CurlzMT，大小为80pt。把文字转换为曲线，选择“形状工具”，单独勾选字母作上下移动，如图1-92所示。

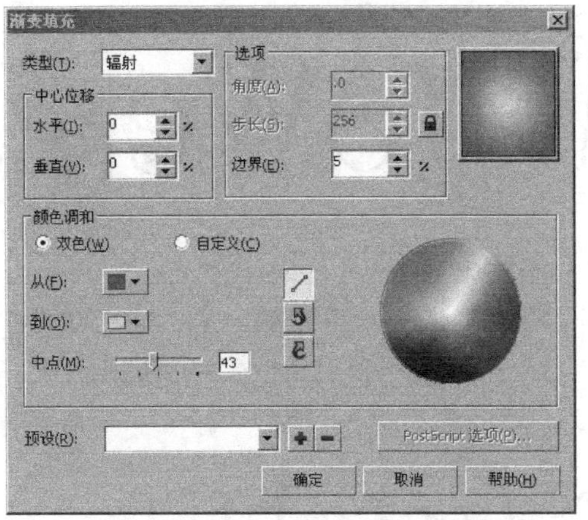

图1-87　设置参数

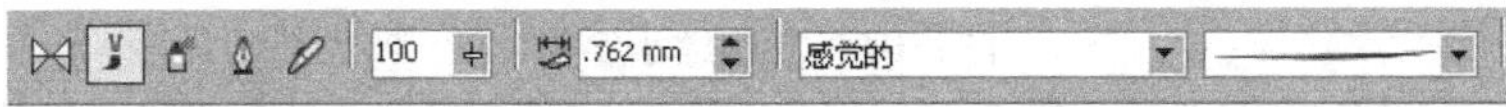

图1-88　笔刷

图1-89　制作南瓜凹痕

图1-90　制作另一个南瓜

图1-91　调整南瓜位置

图1-92　制作字体

14）将文字填充为黄色（R：255、G：255、B：0），再复制一个，中心缩小，放置在文字后面，更改颜色为枣红色（R：102、G：51、B：51），如图1-93所示。

图1-93　复制缩小字体

15）选择“调和工具”，用鼠标单击由黄到红的拉伸，在属性栏中单击“逆时针调和”，出现立体的文字，如图1-94所示。

图1-94　制作特殊效果

16）将文字移至画面上方，群组所有素材。把图片往右边、上边移动倾斜变形。选择“阴影工具”，在图片上从左上往右下方拉投影，透明度操作为正常，如图1-95所示。

图1-95　调整卡片形状

17）选择“矩形工具”，绘制一个宽为210mm、高为148mm的矩形，填充60%灰色（R：102、G：102、B：102）。去除轮廓线，放置在图层后面。选择“阴影工具”，制作投影。至此，本任务制作完成，如图1-96所示。

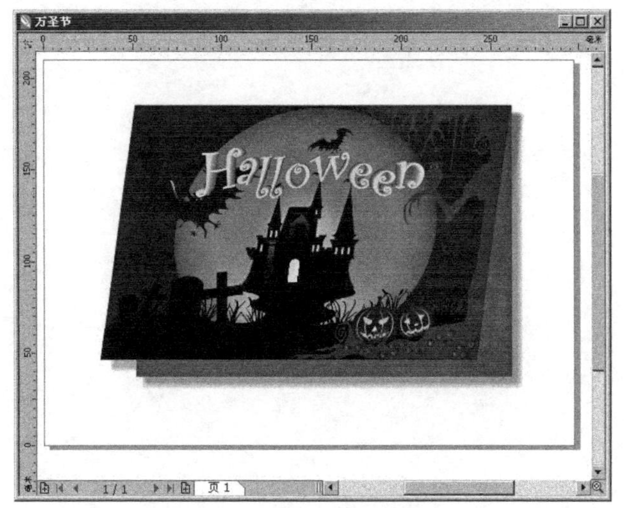

图1-96　最终完成效果图

知识技巧点拨

1）“贝塞尔工具”是创建曲线间的平滑过渡的首选工具，也是绘制不规则图形的理想工具，“形状工具”用于修改基本形状和创建更复杂的对象，两者结合使用，可以描绘出复杂物体的形状。使用“形状工具”调节锚点时，在路径某一位置双击，可以添加锚点，反之在锚点上双击可以删除锚点。这样可以加快操作速度。

2）使用“调和工具”，将要调和的两个对象，从第一个对象拖至第二个对象，形状和颜色会出现渐变效果。如果要绘制手绘调和路径，在拖动时按<Alt>键。如果要创建复合调和，使用“调和工具”从对象位置拖动到调和的起点或终点。

◆ 任务拓展　设计母亲节贺卡

给自己的母亲设计制作一款节日贺卡，完成后去印刷公司制作输出成品，然后送给自己的母亲作为节日礼物。

任务描述

搜索一些你喜欢的贺卡图片和相关的素材，制作一款母亲节的贺卡，在母亲节时送给自己的母亲。

任务要求

在制作节日贺卡过程中，要注意贺卡画面的相关元素，版面整洁、美观、温馨，信息排列合理而有序、不紊乱，能突出贺卡传递温情的目的。

任务提示

1）在制作过程中，可以先确定好背景，通常背景采用渐变色。

2）注意图像的大小和分辨率的设置。

3）适当采用图层混合模式和字体特效，在图片的融合和信息的突出中起到合适的作用。

项目2

设计标志

项目描述

标志设计是一种图形符号艺术，与文字符号有着一定的共同性，它融合了图形艺术，并有着高度简化和抽象性的符号特征。随着经济的发展，标志是展示企业形象的一个重要元素，融合企业的精神内涵、文化性质和未来展望等信息，能以高度概括、高度简化的图形展示深刻的内涵，对企业的宣传效果不言而喻，现代企业都很重视企业形象的设计。

学习目标

标志设计的项目主要掌握运用Photoshop中的一些基本工具制作出简单又有个性的实例。例如运用“钢笔工具”“渐变工具”“椭圆工具”、羽化命令、滤镜等制作出个性的效果。自由变换、图层混合模式进行合理的制作。

任务1　设计藤艺家装公司标志

任务描述

本任务是藤艺家装公司的标志，标志的设计以正圆形为基本形状，象征公司的宗旨是让装修圆满，让顾客满意。根据公司的名称，用了青藤图形作为设计元素。标志的设计象征了公司的家装风格，给人以清新、自然的感觉，住在家里就犹如生活在大自然中。

任务分析

本任务学习家装公司标志的设计与制作，主要使用“椭圆工具”和“羽化”命令使调整后的图形过渡自然，使用曲线命令调整选区内图形的亮度，色相/饱和度命令等。设计效果如图2-1所示。

图2-1　藤艺家装公司标志效果

任务实施

1）启动Photoshop CS6，执行“文件”→“新建”命令，打开“新建”对话框，设置文件“名称”为“家装标志”，设置“宽度”为“16厘米”，“高度”为“23厘米”，“分辨率”为“300像素/英寸”，“颜色模式”为“8位RGB颜色”，“背景内容”为白色，单击“确定”按钮，创建一个新的图像文件，如图2-2所示。

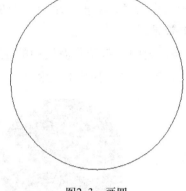

2）选择工具箱中的“椭圆工具”，单击属性栏中的路径按钮，按<Shift>键，绘制一个正圆的选框，如图2-3所示。在“路径”面板中自动生成工作路径。按<Ctrl+Enter>组合健，将路径转换为选区。

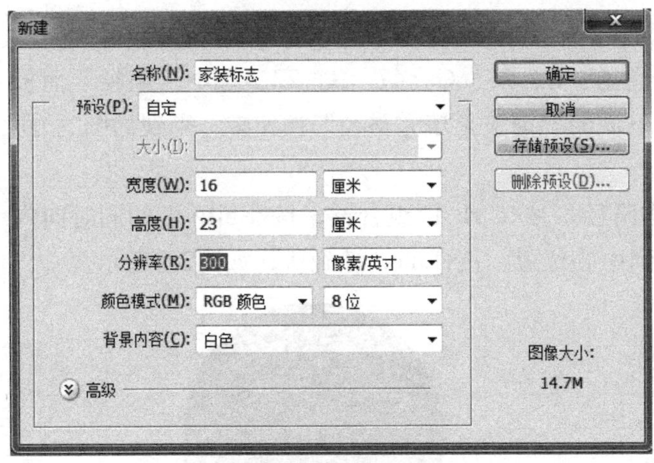

图2-2　新建文件

图2-3　画圆

3）选择工具箱中的“渐变工具”，选择径向渐变，分别设置几个位置点颜色的RGB值，如图2-4所示。

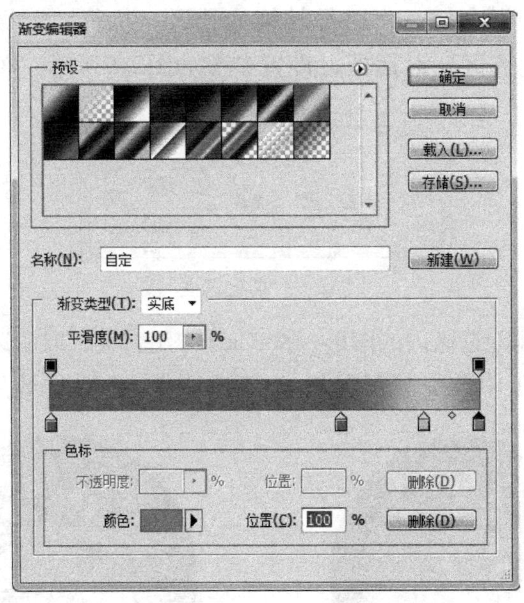

图2-4　设置渐变点颜色

4）新建“图层1”，从圆的选区中从左向右拖动，如图2-5所示，填充渐变色后按<Ctrl+D>组合键取消选区，如图2-6所示。

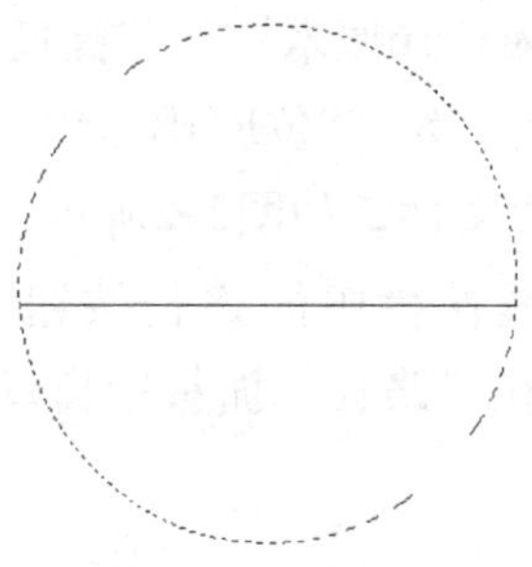

图2-5　填充方向

图2-6　填充渐变色

5）新建“图层2”，设置前景色为：R：28、G：47、B：22，选中“路径”面板中的工作路径，单击“路径”面板下面的“前景色填充路径”按钮，得到如图2-7所示的效果。

6）选中“路径”面板中的工作路径，按〈Ctrl+T〉组合键，按〈Shift〉键的同时向内拖动，等比例缩小路径，然后移动到中心位置，按〈Enter〉键确认，如图2-8所示。

图2-7　填充前景色

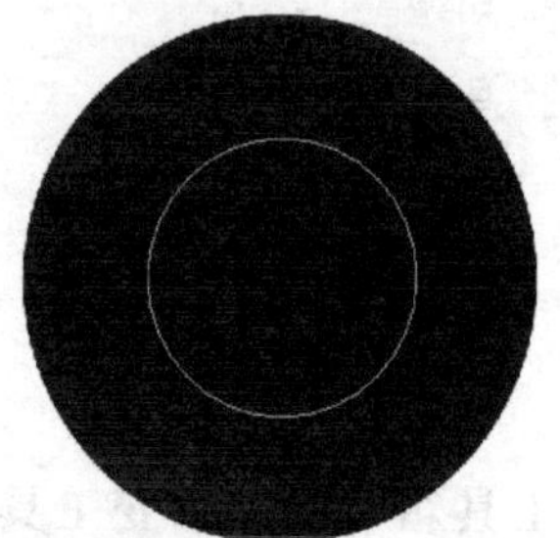

图2-8　缩小路径

7）按〈Ctrl+Enter〉组合键，将路径转换为选区。执行“选择”→“修改”→“羽化”命令，打开“羽化选区”对话框，设置参数如图2-9所示，单击“确定”按钮。

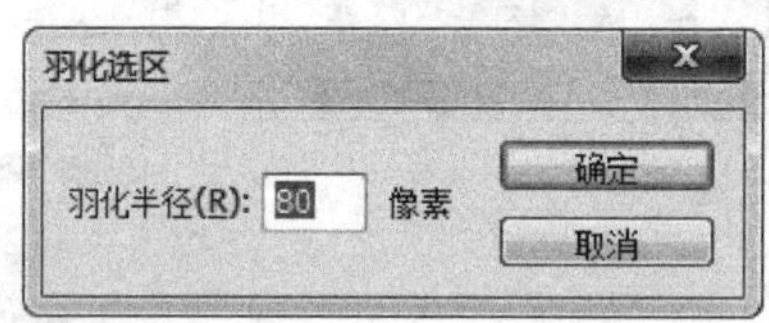

图2-9　羽化选区

8）按〈Delete〉键，删除选区内的图形。按〈Ctrl+D〉组合键，取消选区，如图2-10所示。

9）在“图层”面板中改变“图层2”的不透明度为58%，效果如图2-11所示。

图2-10　羽化效果

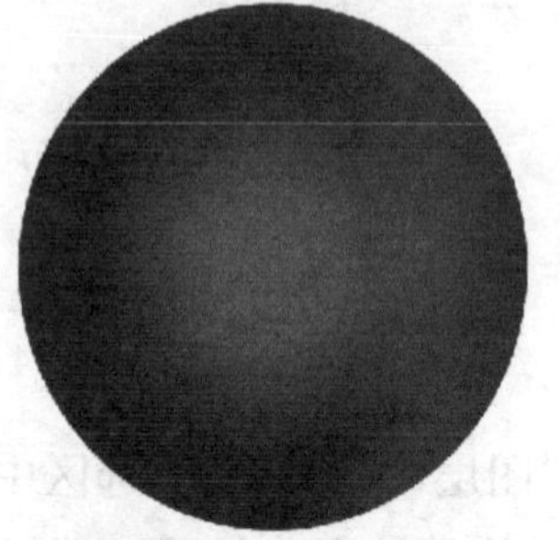

图2-11　设置不透明度

10）按<Ctrl+T>组合键，按<Shift>键的同时向内拖动，等比例缩小，然后将其移到中心位置，再按<Enter>键确认，如图2-12所示。

11）新建“图层3”。设置前景色为：R：49、G：104、B：22，选中“路径”面板中的工作路径，按<Ctrl+T>组合键，按<Shift>键的同时向外拖动，等比例放大路径，然后将其移到中心位置，再按<Enter>键确认。单击“路径”面板下面的“前景色填充路径”按钮，得到如图2-13所示的效果。

图2-12　缩小路径

图2-13　填充路径

12）选中“路径”面板中的工作路径，按<Ctrl+T>组合键，按<Shift>键的同时向内拖动，等比例缩小路径，然后将其移到中心位置，再按<Enter>键确认，如图2-14所示。

13）再按<Ctrl+Enter>组合健，将路径转换为选区，执行“选择”→“修改”→“羽化”命令，打开“羽化选区”对话框，设置参数如图2-15所示，单击“确定”按钮。

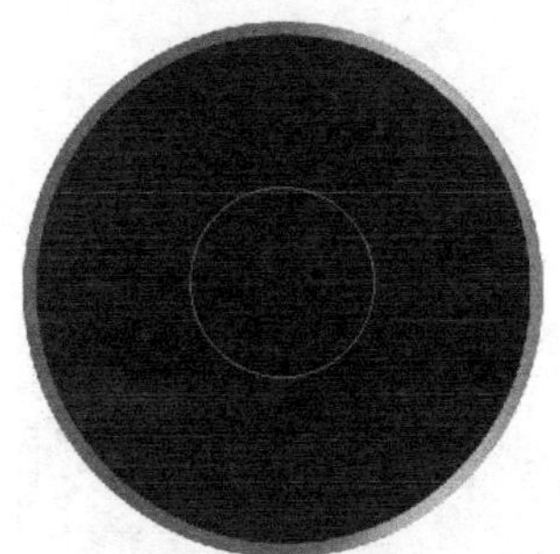

图2-14　缩小路径

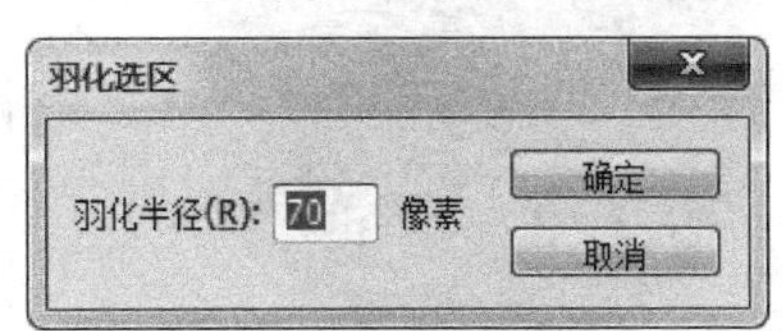

图2-15　羽化选区

14）按<Delete>键，删除选区内的图形。按<Ctrl+D>组合键，取消选区，如图2-16所示。

15）在“图层”面板中改变“图层3”的不透明度为45%，如图2-17所示。

图2-16　羽化效果

图2-17　改变不透明度

16）选中“路径”面板中的工作路径，按〈Ctrl+T〉组合键，按〈Shift〉键的同时向外拖动，等比例放大路径，然后将其移到中心位置，再按〈Enter〉键确认，如图2-18所示。

17）新建“图层4”。设置前景色为黑色，选中“路径”面板中的工作路径，单击“路径”面板下面的“前景色填充路径”按钮●，得到如图2-19所示的效果。

图2-18　放大路径

图2-19　填充前景色

18）选中“路径”面板中的工作路径，按〈Ctrl+T〉组合键，按〈Shift〉键的同时向内拖动，等比例缩小路径，然后将路径移到中心位置，再按〈Enter〉键确认，如图2-20所示。

19）按〈Ctrl+Enter〉组合健，将路径转换为选区，执行“选择”→“修改”→“羽化”命令，打开“羽化选区”对话框，设置参数如图2-21所示，单击“确定”按钮。

图2-20　缩小选区

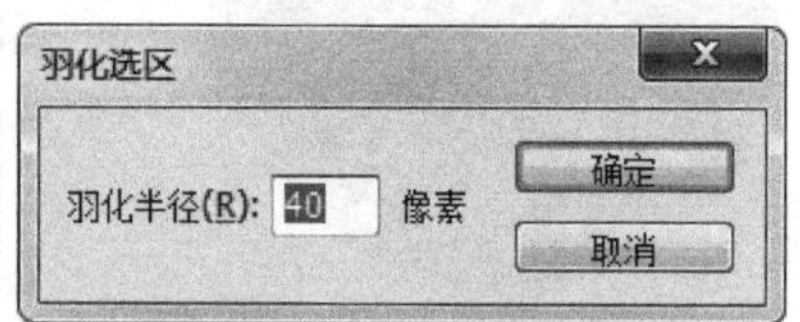

图2-21　羽化选区

20）按〈Delete〉键，删除选区内的图形。按〈Ctrl+D〉组合键，取消选区，如图2-22所示。

图2-22　羽化效果

制作高光效果

1）选中“路径”面板中的工作路径，按〈Ctrl+T〉组合键，按〈Shift〉键的同时向内拖动，等比例缩小路径，然后将路径移到中心位置，再按〈Enter〉键确认，如图2-23所示。

2）按〈Ctrl+Enter〉组合健，将路径转换为选区。新建图层5，设置前景色为白色，按〈Alt+Delete〉组合键填充前景色，如图2-24所示。

图2-23　缩小路径

图2-24　填充前景色

3）选择工具箱中的“椭圆选框工具”，拖动选框到如图2-25所示的位置。

4）执行“选择”→“修改”→“羽化”命令，打开“羽化选区”对话框，设置参数如图2-26所示，单击“确定”按钮。

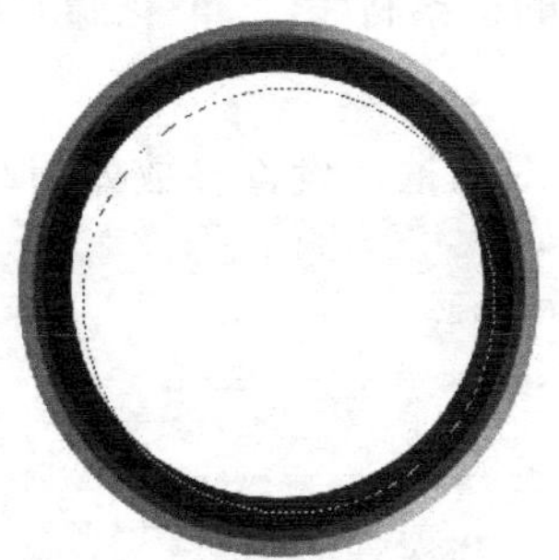

图2-25　移动选区

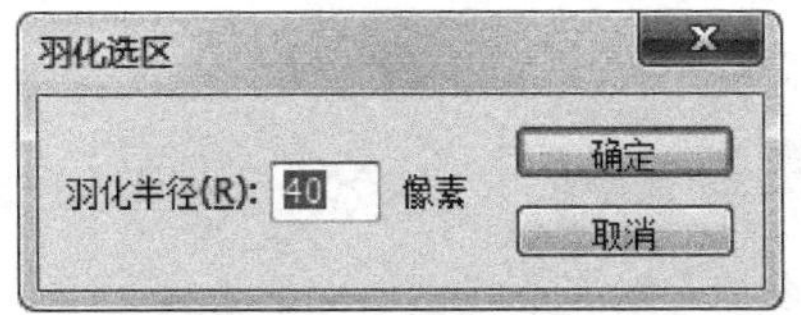

图2-26　羽化选区

5）按〈Delete〉键，删除选区内的图形。按〈Ctrl+D〉组合键，取消选区，如图2-27所示。

6）选择工具箱中的“橡皮擦工具”，选择“柔角画笔工具”，在白色图形上擦拭，效果如图2-28所示。

图2-27　羽化效果

图2-28　在白色图形上擦拭

7）单击图层面板下方的“添加图层样式”按钮fx，选择“外发光”，按照默认选项设置，如图2-29所示。然后单击“确定”按钮，效果如图2-30所示。

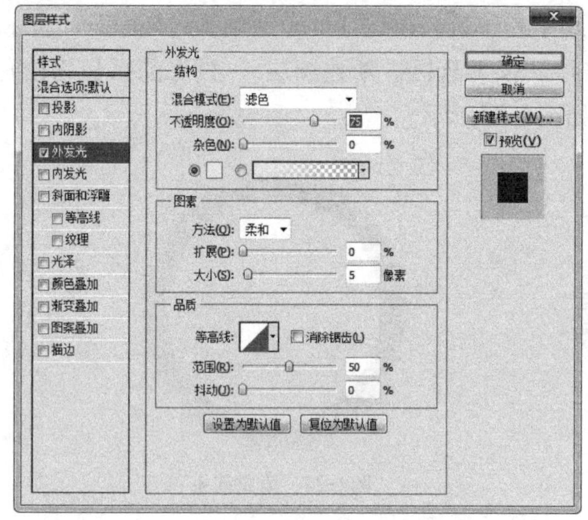

图2-29　设置外发光

图2-30　外发光效果

制作图案

1）按<Ctrl+O>组合键，打开本书配套资源中的“素材/第二章/花藤.png”文件，如图2-31所示。

2）按<Ctrl+U>组合键，打开“色相/饱和度”对话框，设置参数如图2-32所示。

图2-31　花藤

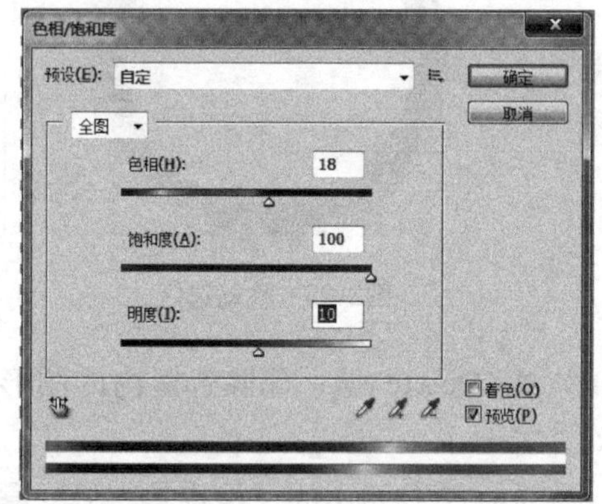

图2-32　设置色相/饱和度

3）单击“确定”按钮，得到如图2-33所示的效果。

图2-33　设置后的效果

4）选择工具箱中的“移动工具” ，将素材拖曳到新建的文件中，生成图层6。按<Ctrl+T>组合键，按<Shift>键等比例缩小“花藤”，并移动到合适的位置，如图2-34所示。

5）复制两次图层6，生成图层6副本和图层6副本2。分别选中素材所在的图层，按<Ctrl+T>组合键，将其移动到合适的位置，旋转一定的角度，按<Enter>键确认，如图2-35所示。

图2-34　添加花藤

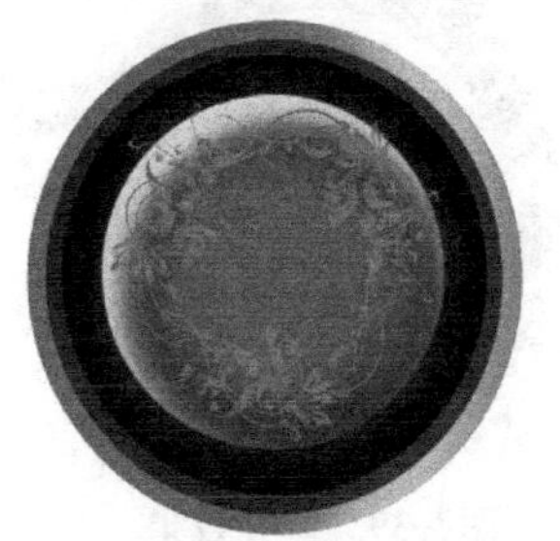

图2-35　完成添加花藤

6）将图层6及其副本移到“图层4”的下面，单击“图层4”，选中“路径”面板中的工作路径，按<Ctrl+T>组合键，按<Shift>键的同时向内拖动，等比例缩小路径，然后将路径移到中心位置，再按<Enter>键确认，如图2-36所示。

7）按<Ctrl+Enter>组合健，将路径转换为选区，执行“选择”→“修改”→“羽化”命令，打开“羽化选区”对话框，设置参数如图2-37所示，单击“确定”按钮。

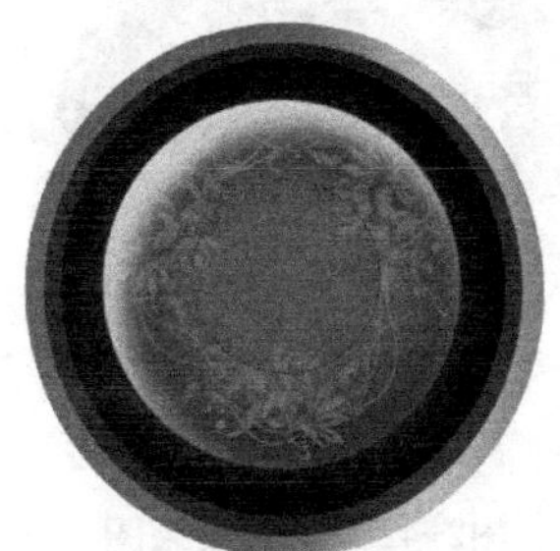

图2-36　缩小路径

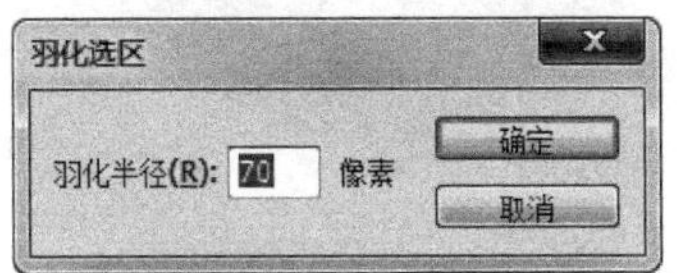

图2-37　羽化选区

8）按<Ctrl+M>组合键，打开“曲线”对话框，向上调整曲线，如图2-38所示。

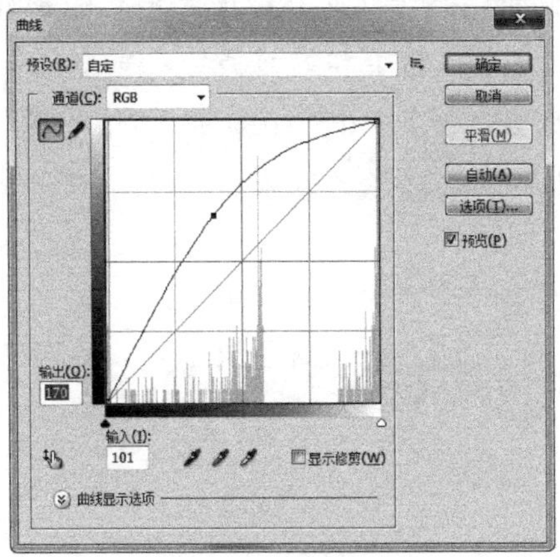

图2-38　调整曲线

9）单击“确定”按钮，按<Ctrl+D>组合键取消选区，效果如图2-39所示。

10）将标志调亮。选中“图层1”，按<Ctrl+U>组合键，打开“色相/饱和度”对话框，设置参数如图2-40所示。

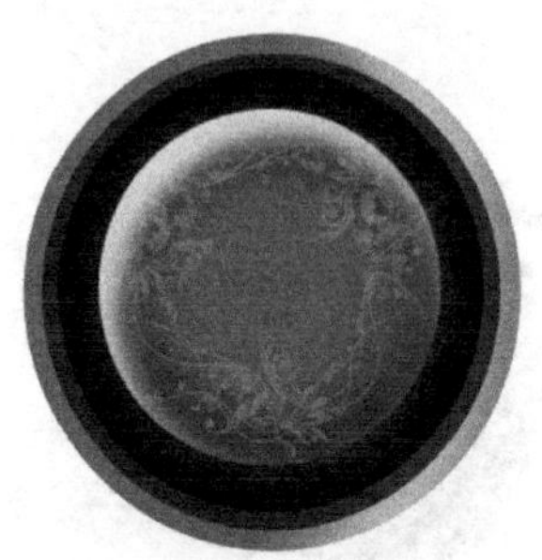

图2-39　调亮效果

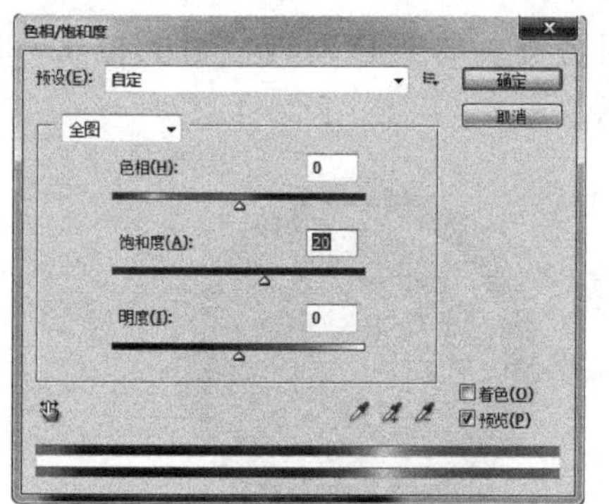

图2-40　设置色相/饱和度

11）单击“确定”按钮，得到如图2－41所示的效果。

12）选择工具箱中的“横排文字工具”T，设置前景色为：R：54、G：66、B：32。在文件中单击，输入“藤艺家装”，设置字体、字号，按<Ctrl+Enter>组合键，完成文字的输入，如图2-42所示。

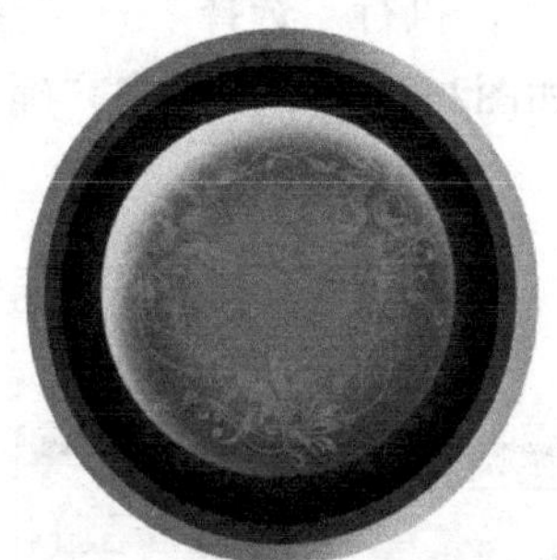

图2-41　设置后的效果

图2-42　完成效果图

知识技巧点拨

1）在本任务“制作圆形”的第7步中对选区进行了羽化。如果不羽化，删除后的图形将是生硬的图形，没有自然柔和的过渡。

2）在“制作图案”部分的第2步中，在“色相/饱和度”对话框中，将饱和度调到最大值，这样可以得到类似于发光的效果。

任务2　设计化妆品公司标志

任务描述

本任务是制作一款菡美国际化妆品公司标志。该标志寓意公司成立十周年，造型以圆为主题，形象地告诉人们，将您打扮得更加完美。

◆ 任务分析

本任务主要使用CorelDRAW软件的“三点曲线工具”“填充工具”和“文本工具”。“三点曲线工具”是比较常用的工具，在本任务中绘制了圆、翅膀等。使用“填充工具”使图像的色彩更加靓丽，引起视觉冲击。设计效果如图2-43所示。

图2-43　化妆品公司标志效果

◆ 任务实施

1）打开CoreDRAW X6，执行“文件”→“新建”命令，或者按<Ctrl+N>组合键，新建一个空白页面。

2）选择工具箱中的“文本工具”字，在属性栏中将字体设置为“ArialBlack”，字体大小设置为300，输入文字，如图2-44所示。

3）单击鼠标右键，在弹出的快捷菜单中选择“转换为曲线”选项，转化文字为曲线，选择工具箱中的“形状工具”，调整文字的形状，如图2-45所示。

4）选择工具箱中的“填充工具”，在“隐藏工具”组中选择“渐变填充”选项，在弹出的“渐变填充”对话框中设置颜色从浅蓝（C：47、M：0、Y：0、K：0）到深蓝（C：100、M：98、Y：0、K：0）的线性渐变，单击“确定”按钮，如图2-46所示。

图2-44　输入文字

图2-45　调整形状

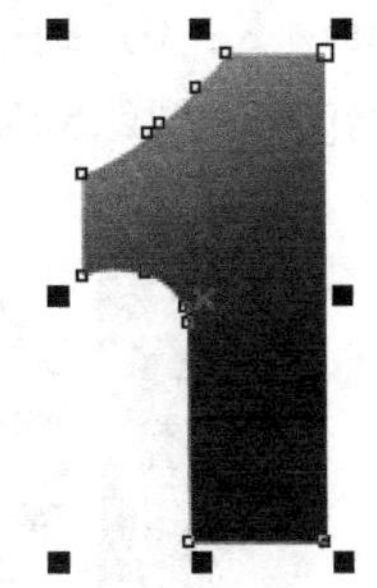

图2-46　填充渐变色

5）选择工具箱中的“椭圆形工具”，按<Ctrl>键，绘制正圆，如图2-47所示。

6）选择工具箱中的“三点曲线工具”，绘制图形，选择工具箱中的“填充工具”，在隐藏工具组中选择“渐变填充”选项，在弹出的“渐变填充”对话框中设置颜色为从紫色（C：70、M：100、Y：0、K：0）到时淡紫色（C：30、M：40、Y：0、K：0）的线性渐变，单击“确定”按钮，用鼠标右键单击调色板上的⊠按钮，去掉其轮廓线，如图2-48所示。

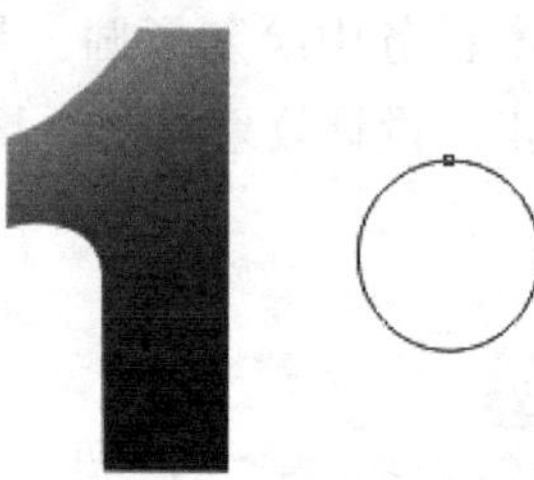

图2-47 绘制正圆

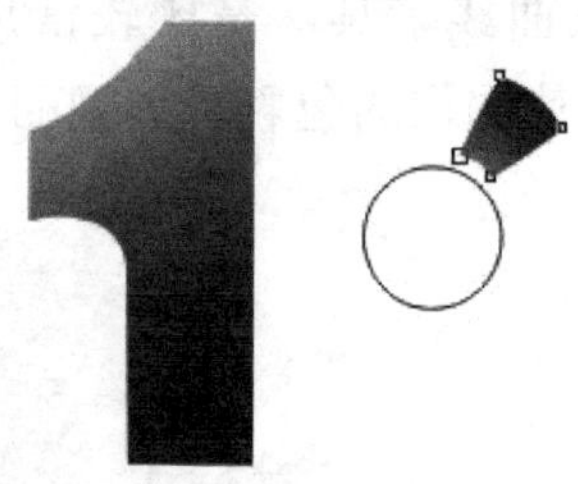

图2-48 绘制图形并填充渐变色

7）选择工具箱中的“选择工具”，单击图形，当图形改变为旋转样式时，把中心移动到与绘制的正圆中心对齐，在属性栏“旋转角度”中，设置为7，当鼠标放置到图形上时出现双箭头的旋转图标，拖动鼠标到合适的位置时单击鼠标右键，对图形进行复制，如图2-49所示。

8）多次按〈Ctrl+D〉→“快捷键”，实现再复制命令，如图2-50所示。

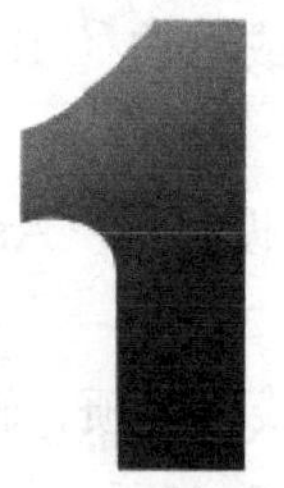
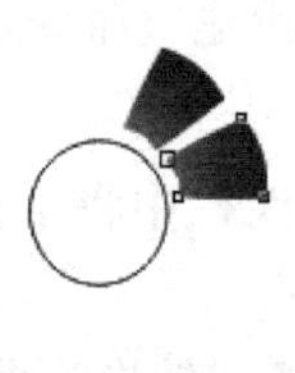

图2-49 复制图形

图2-50 再复制

9）选择工具箱中的“选择工具”，移动位置，并调整图形大小，选中绘制的图形，按〈Delete〉键，删除圆形，如图2-51所示。

10）选中复制的图形，选择工具箱中的“填充工具”，在“隐藏工具”组中选择“渐变填充”选项，在弹出的“渐变填充”对话框中设置颜色从红色（C：0、M：100、Y：100、K：0）到橘黄色（C：0、M：58、Y：100、K：0）的线性渐变，单击“确定”按钮，如图2-52所示。

图2-51 调整图形

图2-52 填充渐变色

11）使用同样的方法，对其他复制图形进行渐变色填充，如图2-53所示。

12）选中所有的复制图形，执行“排列”→“群组”命令，选择工具箱中的“选择工具”，对图形大小和位置进行调整，如图2-54所示。

图2-53 填充渐变色

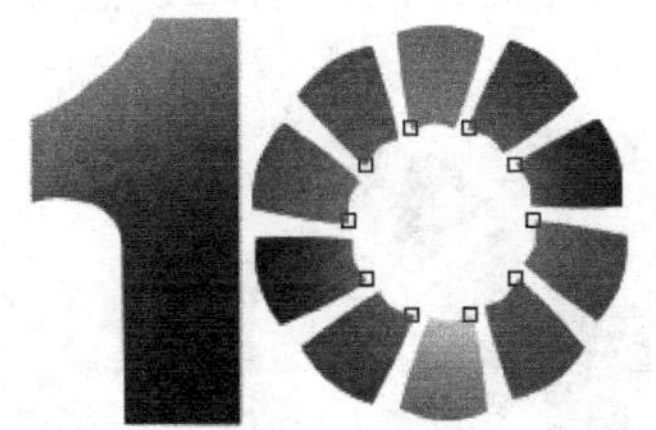
图2-54 调整图形大小和位置

13）选择工具箱中的“三点曲线工具”，绘制图形，如图2-55所示。

14）选择工具箱中的“填充工具”，在“隐藏工具”组中选择“渐变填充”选项，在弹出的“渐变填充”对话框中设置颜色从红色（C：0、M：93、Y：100、K：0）到黄色（C：0、M：0、Y：100、K：0）的线性渐变，单击“确定”按钮，如图2-56所示。

图2-55 绘制图形

图2-56 填充渐变色

15）用鼠标右键单击调色板上的☒按钮，去掉其轮廓线，如图2-57所示。

16）复制图形，选择工具箱中的“选择工具”，调整图形大小，如图2-58所示。

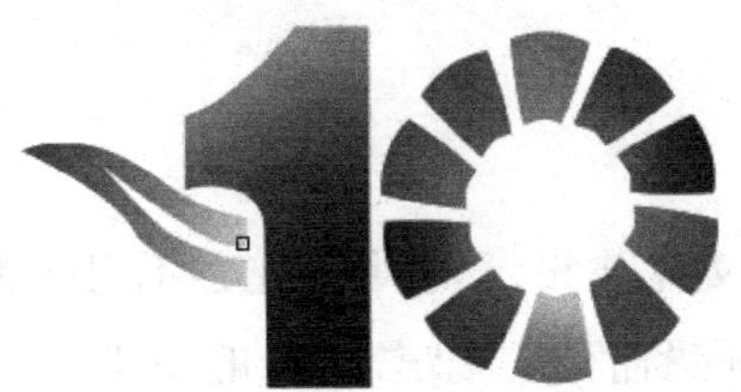
图2-57 去掉轮廓线

图2-58 复制图形

17）选中两个图形，拖动鼠标到合适的位置并单击鼠标右键，在弹出的快捷菜单中选择“复制”命令，复制图形，在属性栏中单击“水平镜像”，如图2-59所示。

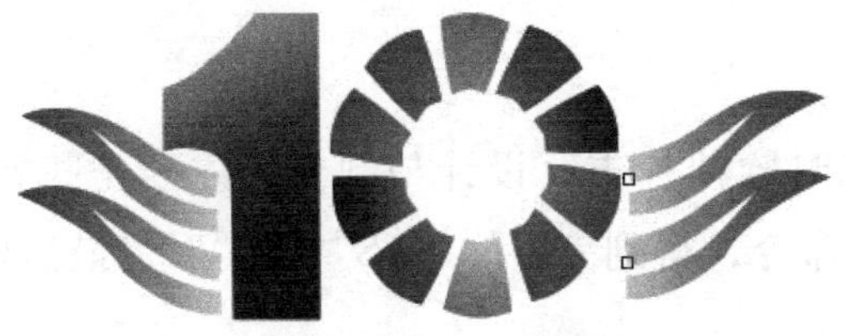
图2-59 水平镜像

18）选择工具箱中的“文本工具”字，在属性栏中设置字体为“黑体”，大小为36，颜色设置为红色，输入文字，如图2-60所示。

19）使用同样的方法，输入其他文字，完成最终效果，如图2-61所示。

图2-60　输入文字　　图2-61　完成最终效果

知识技巧点拨

1）“三点曲线工具”是根据曲线的两个端点和线条上的另一个点来绘制曲线的，即先确定曲线的起点和终点，再确定曲线上的另一点，曲线的弯曲程度根据曲线上的另一点来确定。

2）在使用三点曲线绘制图形的过程中，会再现很多的节点，不会以平滑形式出现，这时需要选择“铅笔工具”，放在要删除的节点上，单击鼠标左键删除节点，再选中节点在属性栏中设置为平滑节点，这样图形会变为平滑曲线。

任务3　设计优时软件标志

■ 任务描述

商标是企业日常经营活动、广告宣传、文化建设、对外交流必不可少的元素，它随着企业的成长，其价值也不断增长，可想而知，标志设计的重要性。本任务就来一起学习设计一个软件标志，此标志是通过取其英文名的简写“ES”两个字母作为标志的原型设计，适当添加一些图形元素，并填充渐变色，丰富其图形的层次感。

◆ 任务分析

本任务学习的“优时软件标志”设计与制作，主要是执行“钢笔工具”绘制路径，并结合路径的增减命令，得到完整的“ES”的字形，最后填充渐变颜色。效果图如图2-62所示。

图2-62　优时软件标志设计效果

◆ 任务实施

1）启动Photoshop CS6，新建340×283px的文件，如图2-63所示。

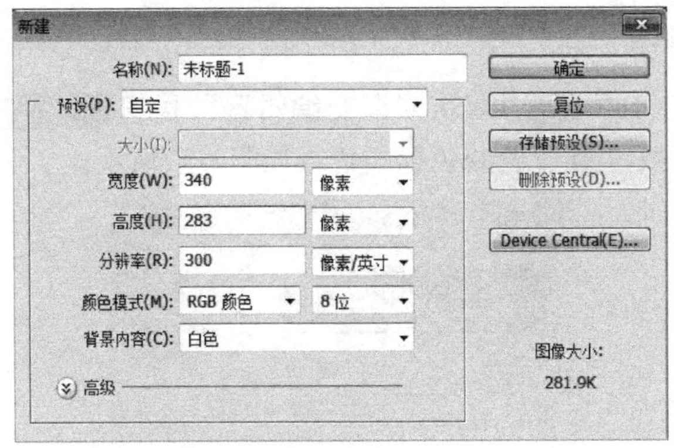

图　2-63

2）按“新建图层”，然后调出网格参考辅助线，执行“视图”→“显示”→“网格”命令调出网格线，如图2-64所示。

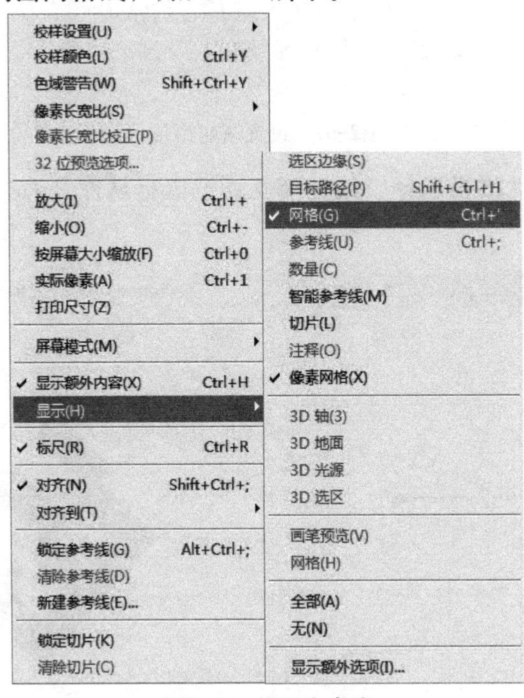

图2-64　设置参考线

3）在工具栏中单击“钢笔工具”，在“图层一”绘制出图形的路径，如图2-65所示，然后按<Ctrl+Enter>组合键，把绘制出的图形路径变成选区，如图2-66所示。

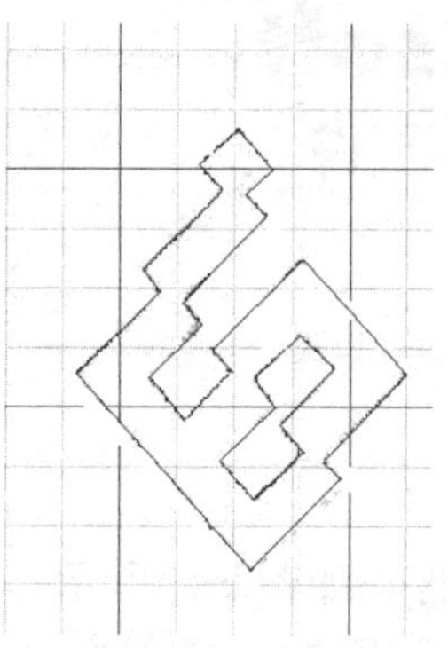

图2-65　绘制路径

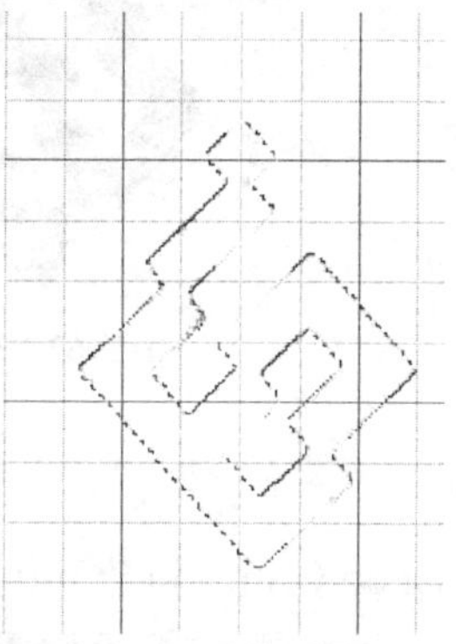

图2-66　路径转为选区

4）使用“渐变工具”，双击“渐变编辑器”按钮，在“渐变编辑器”里单击“色标”按钮，改变色标颜色，如图2-67所示。

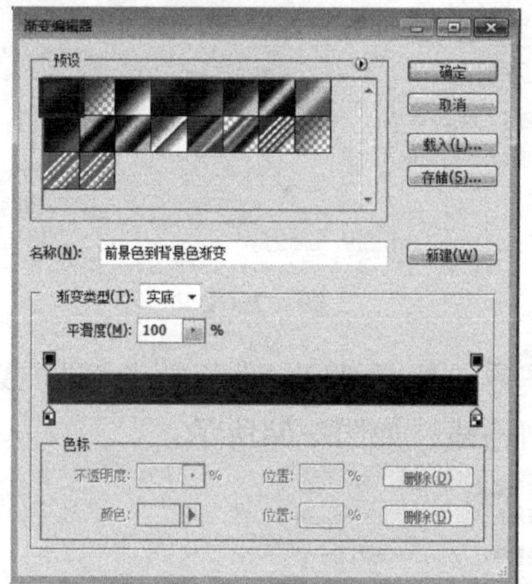

图2-67　设置渐变颜色

5）在“渐变”属性栏里选择“线性渐变；把鼠标从左往右拉动，如图2-68所示，效果图如图2-69所示。

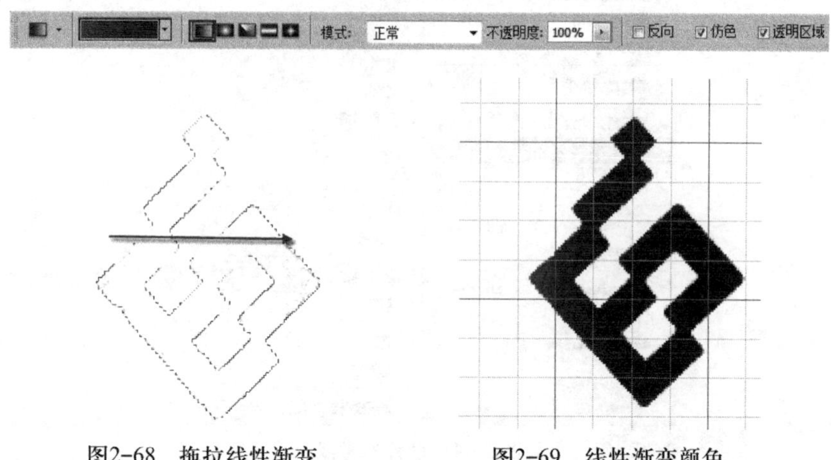

图2-68　拖拉线性渐变　　图2-69　线性渐变颜色

6）选择“文字工具”T，输入“Eossoft”，字体“AharoniBold”，大小“36”，颜色为（2e2053）；“优时软件”的字体为“黑体”，大小为“24”，颜色为（2e2053），如图2-70所示。

7）最终效果如图2-71所示。

图2-70　输入文字

图2-71　最终效果图

知识技巧点拨

1）标志其实是将企业具体的事物、事件、场景和抽象的精神、理念、方向通过特殊的图形固定下来，使人们在看到标志的同时，自然地对其相应的企业产生联想。

2）标志的设计与绘制都必须标准化、规范化，因为将来企业的标志定下来了，就要应用在企业的很多宣传产品中，因此，在绘制过程中一定要把网格调出来作为辅助线参考。

任务4　设计农商投资标志

任务描述

农商投资管理有限公司集投融资、电商、商业贸易、新能源科技、矿业开采、房地产、管理咨询、广告推广服务等为一体，是一家多元化、综合性的投资管理有限公司。以“诚信、稳健、创新、共赢”作为其经营投资理念，致力于各类金融、实体投资的业务，并立志成为全国的佼佼者，公司为进一步推广公司品牌，特要求为企业设计一款标志，能体现出企业行业特征以及企业文化内涵。

任务分析

作为投资公司的标志更要体现出其专业性和开放性，所以设计定位要从投资公司行业的特征出发，强化标志视觉传达冲击力与可实施性，具有聚集财富的特征，并且要符合审美规律。在标志主题颜色上采用红色，红色具有热情、活力、宏观、奋发向上的含义，从而能体现出农商投资管理有限公司的宗旨以及农商员工的工作态度和热情。“农商投资”标志效果图如图2-72所示。

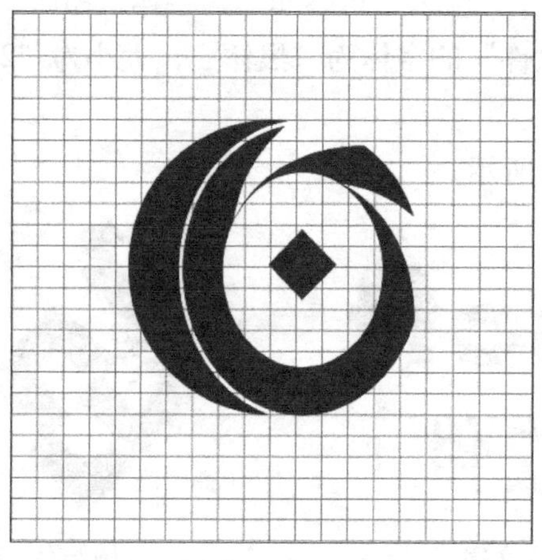

图2-72 “农商投资”标志效果图

◆ 任务实施

1）打开CorelDRAW X6，新建210×210mm空白文档，也可以按<Ctrl+N>组合键创建文档，如图2-73所示。按<Ctrl+R>组合键显示标尺，再执行“视图”→“设置”→“网格与标尺设置”命令，如图2-74所示。

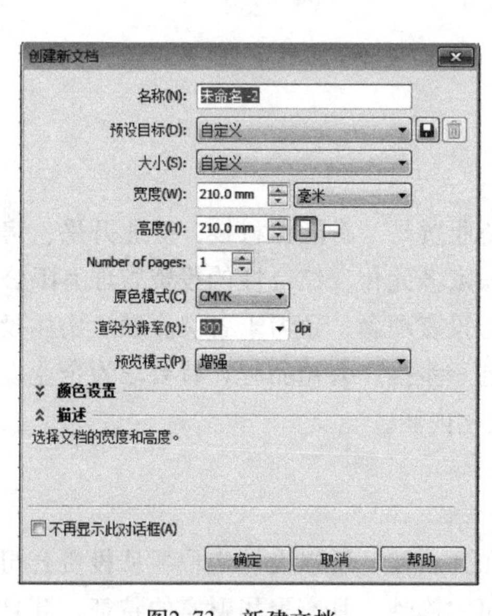

图2-73 新建文档

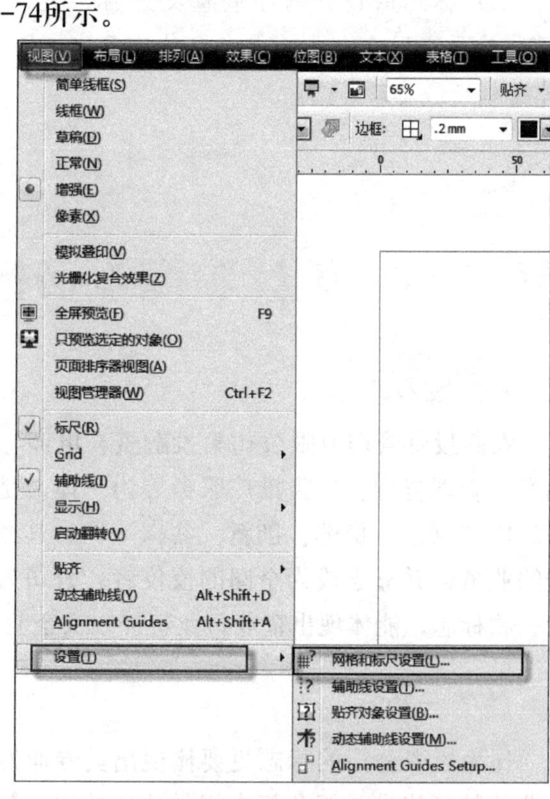

图2-74 选择“网格和标尺设置”命令

2）使用“网格工具”绘制一个网格，在属性栏中将网格更改为25列、20行，网格轮廓颜色为灰色（C：0、M：0、Y：0、K：50），宽度粗细为“2mm”。参数设置如图2-75、图2-76所示。

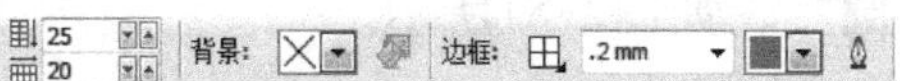

图2-75　网格选项

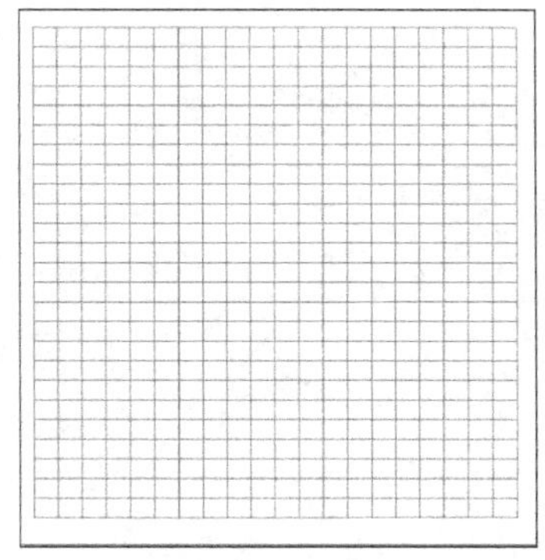

图2-76　网格线

3）用“椭圆工具”在网格中央绘制3个大小不一的椭圆形，如图2-77所示，填充轮廓分别为绿色、红色、蓝色，以此来区别。使用“矩形工具”绘制一个小矩形，在其属性工具栏中设置旋转角度为45°，放置圆心。并且把矩形轮廓颜色改为深蓝色（C：100、M：100、Y：0、K：0），如图2-78所示。

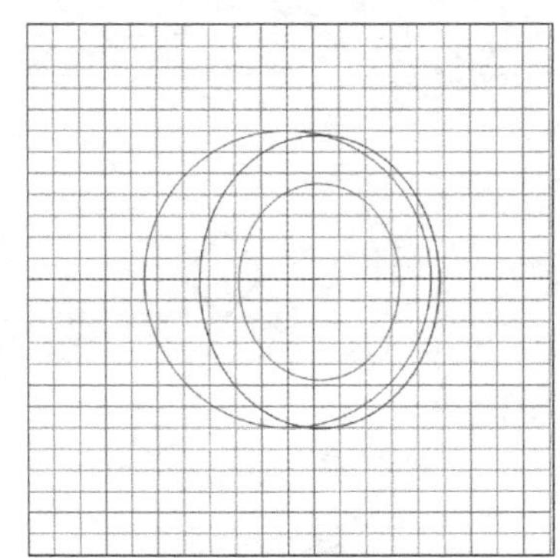

图2-77　3个椭圆

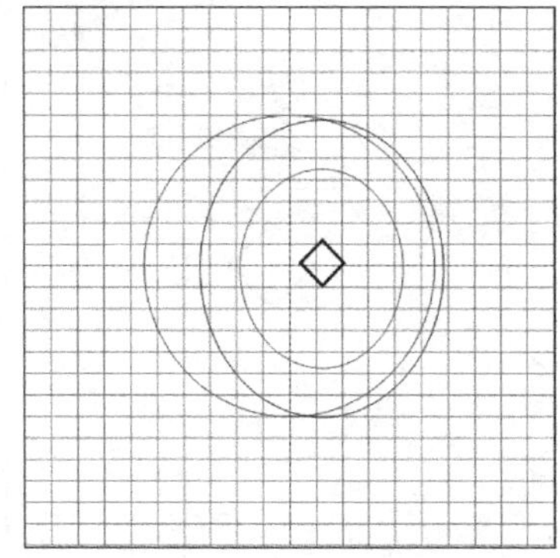

图2-78　添加矩形

4）选中“红边线的圆”，按〈+〉键复制一个，按〈Shift〉键使其稍微放大一些，并改变其轮廓色为黄色，如图2-79所示。

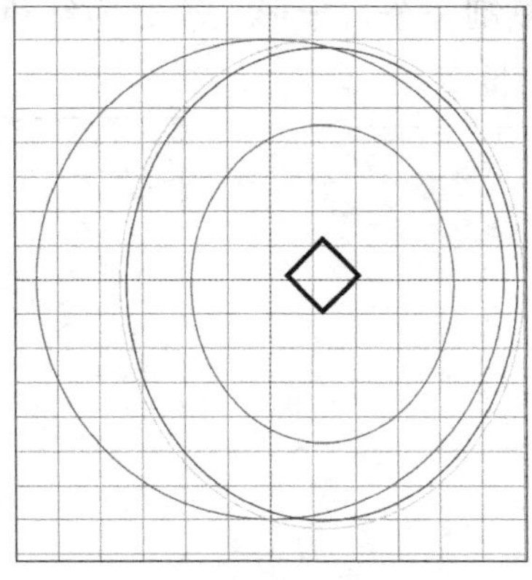

图2-79　添加黄色边线的圆

5）选中“黄边线的圆”和“绿边线的圆”，如图2-80所示。单击工具栏中的“修剪”按钮，然后删除“黄圆”，如图2-81所示。

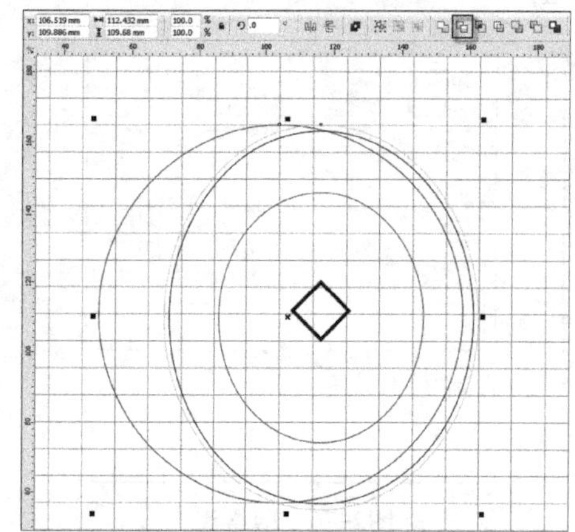

图2-80　选中“黄边线的圆”和“绿边线的圆”

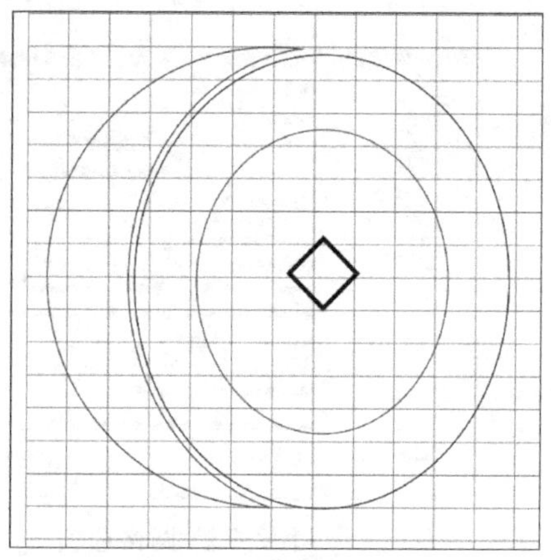

图2-81　制作绿边线的月牙

6）同时选中“蓝色圆”与“红色圆”，单击工具栏中的“修剪”按钮，删除“蓝圆”，得到一个圆环效果，如图2-82、图2-83所示。

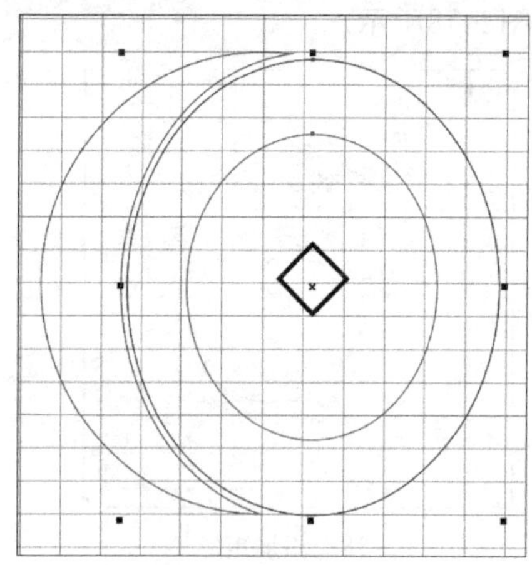

图2-82　选中“蓝色圆”与“红色圆”

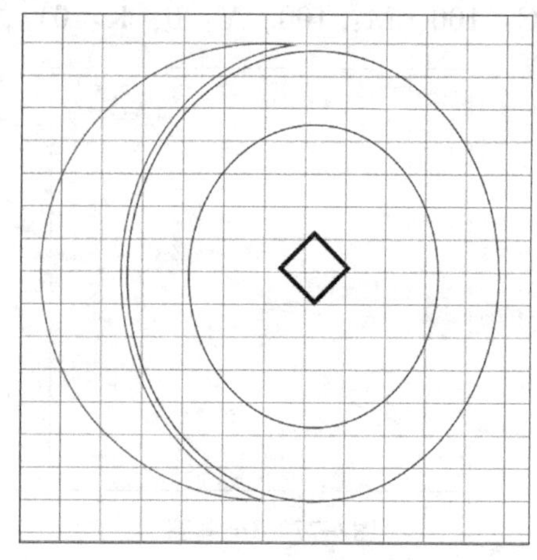

图2-83　制作圆环

7）选中步骤5）中修剪好的“绿边线月牙”，按<+>键复制一个，填充黄色，并进行旋转，如图2-84所示。再复制一个月牙形，填充为红色，分别旋转黄月牙、红月牙造型，放置到如图2-85所示的位置。

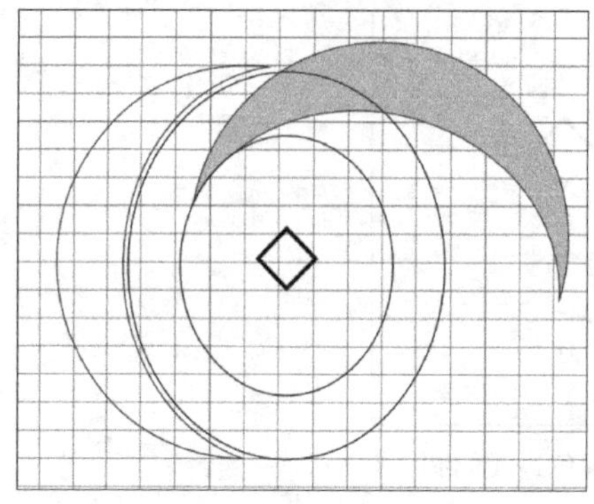

图2-84　复制旋转黄月牙

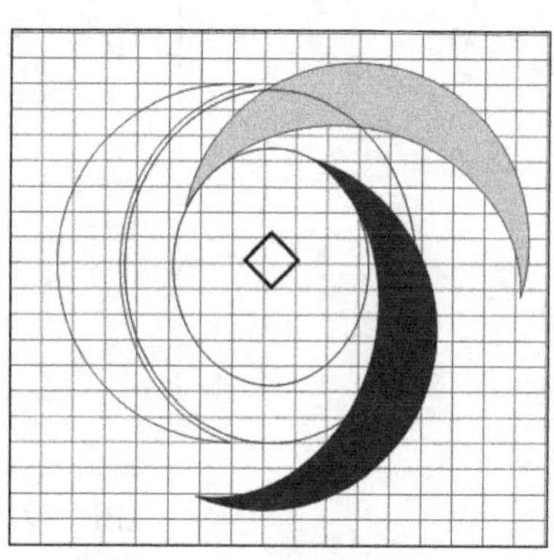

图2-85　复制旋转红月牙

8）选中黄月牙与红圆环，单击工具栏上的“修剪工具”，并删除黄月牙；选中红月牙与红圆换，单击“修剪工具”，并删除红月牙最后得到如图2-86所示的造型。将此形状填充为红色，如图2-87所示。

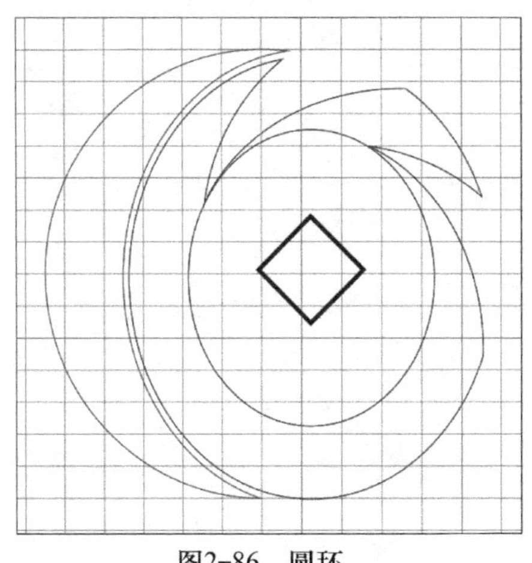

图2-86　圆环

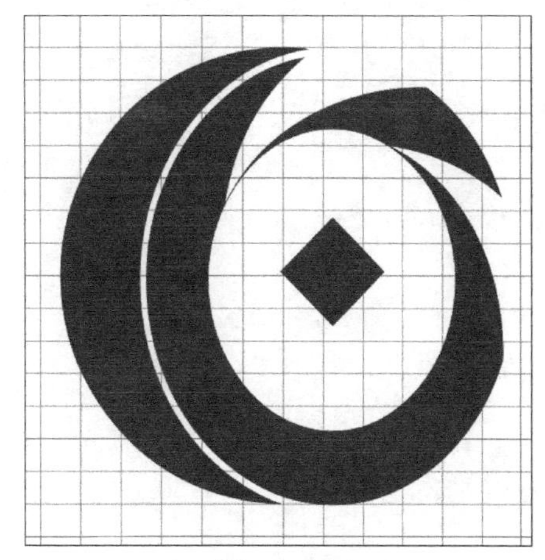

图　2-87

知识技巧点拨

1）在CorelDRAW中绘制图形或者文字时，只想绘制得到一个图形的轮廓线时，可以在CorelDRAW右边的颜色工具箱最上方有X的位置单击鼠标。若单击鼠标右键，则可以去掉图形或者文字的边框。

2）标志的设计与绘制都必须标准化、规范化，因为将来企业的标志定下来了，就要应用于企业的很多宣传产品中，因此，在绘制过程中一定要把网格调出来作为辅助线参考。

◆ 任务拓展　设计《中学生报》标志

给《中学生报》设计一个标志。

任务描述

《中学生报》创刊于20世纪80年代（1981年），作为一家辅导青少年健康成长的纸质媒体，一直紧跟时代步伐，不断创新提升报纸质量，已成为千百万青少年的成长和发展的好伙伴。

任务要求

1）体现《中学生报》的办报宗旨和内容定位，符合中学生的审美观，体现阳光、青春的特点。

2）构图简洁，色彩明亮、鲜艳，有跳动感。

3）寓意深刻，体现《中学生报》的特点。

任务提示

1）在设计过程中，可以先进行创意构思，手绘几个草图。

2）分别从报纸的阅读对象特点进行创意联想。

项目3

设计宣传海报

项目描述

宣传海报是工作生活中最常见的广告宣传品，比如各种精美的电影宣传海报、商店里的大幅招贴海报等，具有吸引观众、传递产品信息的作用。

宣传海报多数采用印刷、喷绘等方式最终呈现在观众面前，以单张产品为主，尺寸的选择相对于报刊杂志广告等宣传品较为灵活，幅面通常比报刊杂志的广告大些，观众的阅读距离也比报刊杂志较远些，这些特点决定了在设计制作宣传海报过程中的参数设定，如幅面大小、制作分辨率等。

宣传海报内容以图像、图形线条、文字为主，要根据内容和输出方式选择合适的制作软件，以制作出符合客户要求的产品。

在宣传海报的制作过程中，图像分辨率的设定需参照最终产品与受众的观察距离而决定。比如产品是小幅面印刷品（如期刊杂志广告），我们通常的观察距离在20cm左右。表3-1可作为分辨率设定的参考值。

表3-1　分辨率设定参考值

图像分辨率设定与观察距离之间的关系（参考值）						
分辨率/PPI	300	250	225	200	150	90
观察距离/cm	21	25	29	33	43	73

学习目标

通过宣传海报设计的项目制作学习，主要掌握图像、图形线条和文字处理软件的综合应用。在制作过程中掌握图像分辨率、色彩模式的合理选择；理解Adobe Photoshop和Adobe Illustrator之间的交叉应用，掌握图文混排及输出的设置。

任务1　设计化妆品宣传海报

任务描述

本任务需要制作产品宣传海报中常见到的化妆品宣传海报，主题背景颜色以清新简洁的浅色调突显产品特点，版式构图设计创意来源于生活中美妙的瞬间，美丽的人物形象搭配优雅的文字编排突显海报的主题和内容，简单而有意义。本任务主要采用生活情感的表现手法，海报的特写表现出诱人的品质，整个画面的版式和色彩烘托出产品舒爽亲切的感觉。

任务分析

化妆品宣传海报设计效果如图3-1所示。主题背景颜色以清新简洁的浅色调突显产品特点，版式构图设计创意来源于生活中美妙的瞬间，美丽的人物形象搭配优雅的文字编排突显海报的主题和内容，简单而有意义。

图3-1 化妆品宣传海报设计效果图

◆ 任务实施

1）启动Photoshop CS6，执行“文件”→“新建”命令，打开“新建”对话框，设置文件“名称”为“洁面乳广告设计”，设置“宽度”为800像素，“高度”为1050像素，“分辨率”为“300像素/英寸”，“颜色模式”为“RGB颜色”，单击“确定”按钮，创建一个新的图像文件，如图3-2所示。

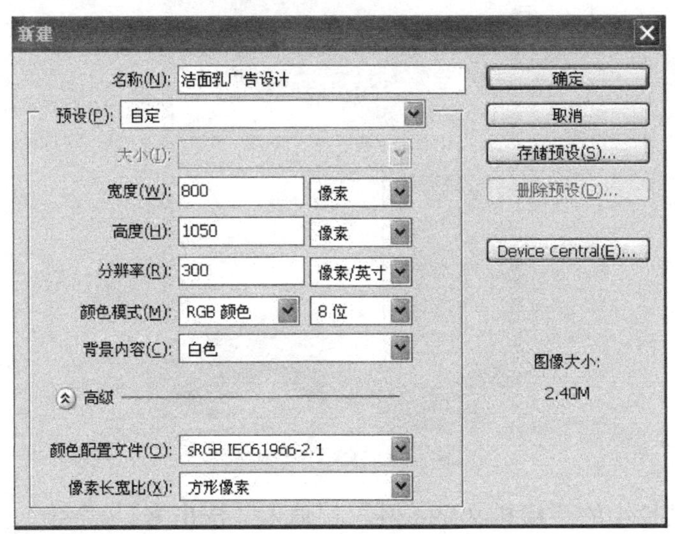

图3-2 新建文件

2）新建一个图层，重命名为“背景”，设置前景色为R：255、G：255、B：255，选择“填充工具”，填充“背景”图层，效果如图3-3所示。

3）打开本任务素材文件夹，选择“素材1.jpg”“素材2.jpg”文件，把人物的脸和手拉到图像文件中，给图层重命名为“手和脸”，按<Ctrl+T>组合键，缩小图像移动到合适位置，按<Enter>键结束，基本版式如图3-4所示。

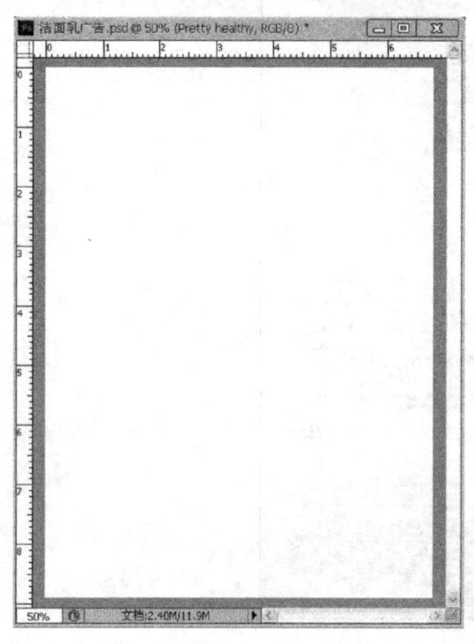

图3-3　填充背景色　　　　图3-4　导入人物图像

4）打开素材“素材0.jpg”文件，把产品拉到图像文件中，给图层重命名为“产品”，按<Ctrl+T>组合键，缩小图像移动到版式左边合适的位置，按<Enter>键结束，如图3-5所示。

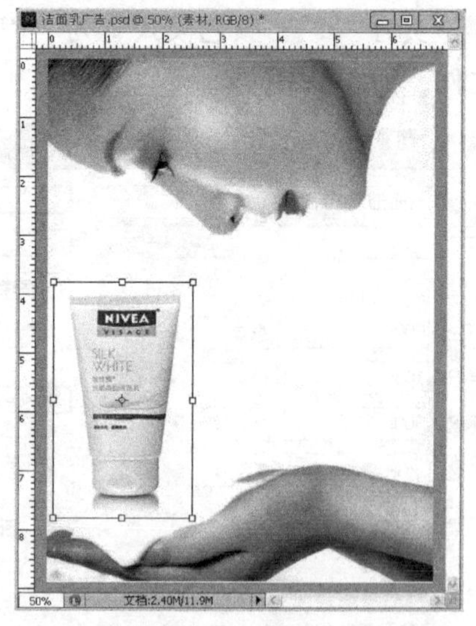

图3-5　导入产品图像

5）选择工具栏中的“横排文字工具”，输入“洗出来”3个字，文字参数设置如图3-6所示。移动到靠右侧位置，如图3-7所示。

图3-6　参数设置

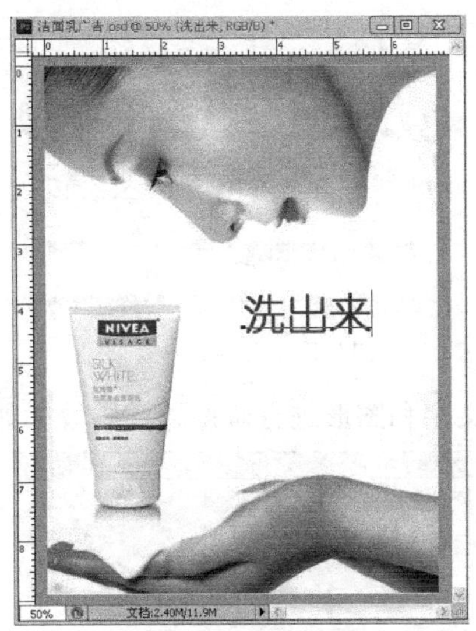

图3-7　输入文字

6）选择“洗出来”图层，并单击鼠标右键，在弹出的快捷菜单中选择“栅格化图层”，将文字变成图形，然后选择工具栏中的“钢笔工具”对文字进行重新绘图设计，如图3-8所示。

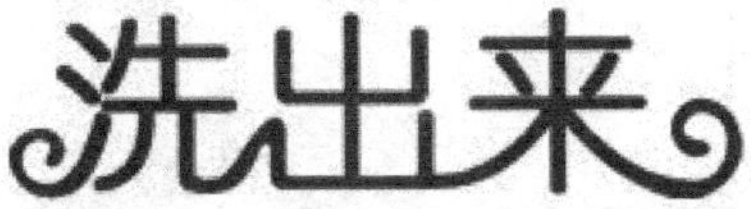

洗出来

图3-8　字体设计效果

7）选择“横排文字工具”，输入“Pretty healthy健康漂亮”，文字参数设置如图3-9所示。移动到洗出来下方位置对齐，同时适当调整大小并进行组合，如图3-10所示。

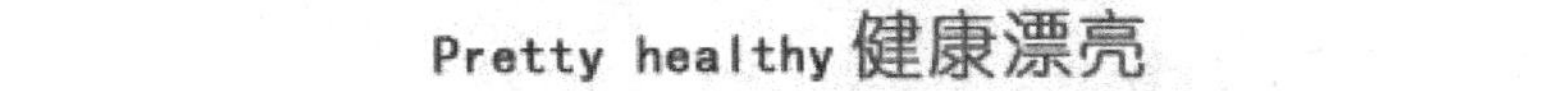

图3-9　文字参数设置

洗出来

Pretty healthy 健康漂亮

图3-10　文字组合效果

8）选择“横排文字工具”，输入“产品的使用方法和重要提示部分的文字”，文字参数设置如图3-11所示。由于这部分文字较多，因此在画面中一定要注意与标题文字的大小对比呼应，同时要注意文字的对齐，如图3-12所示。

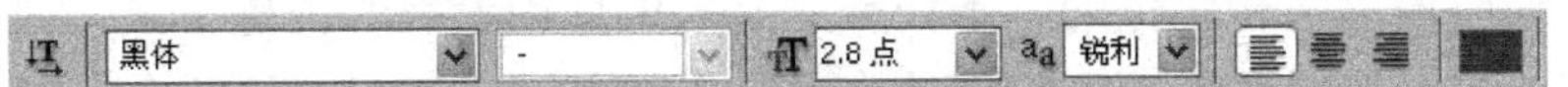

图3-11　设置文字参数

图3-12　文字组合效果

9）最后对整体画面的文字和图形进行微调，最终效果如图3-13所示。

图3-13　最终效果图

知识技巧点拨

1）“吸管工具”用于吸取图像中的颜色，在正反两面的背景颜色相同的情况下，可以善于使用。

2）使用“矩形选择工具”绘制时，可以按<Alt>键并拖动鼠标左键复制填充好颜色的矩形，可以多进行练习。

任务2　设计蛋糕店宣传海报

任务描述

本任务需要设计制作蛋糕店的产品宣传海报。蛋糕店的多样化、趣味感、情调感使蛋糕不仅仅是食品的代名词，更是品味与身份的象征，所以如何体现它的品味和价值是广告制作前期应该思考和定位的。本任务主要采用直接表现的情感手法，通过背景烘托温暖的气氛，产品特写的版式布局设计表现诱人的品质，通过鲜艳的色彩对比来增加视觉吸引力，刺激消费者的购买欲望，达到广告宣传的最终目的。效果如图3-14所示。

图3-14　蛋糕广告效果图

◆ 任务分析

本任务主要采用直接表现的情感手法，通过背景烘托温暖的气氛，产品特写的版式布局设计表现诱人的品质，通过鲜艳的色彩对比来增加视觉吸引力，刺激消费者的购买欲望，达到广告宣传的最终目的。

◆ 任务实施

1）启动Photoshop CS6，执行“文件”→“新建”命令，打开“新建”对话框，设置文件“名称”为“蛋糕广告”，设置“宽度”为“210毫米”，“高度”为“297毫米”，“分辨率”为“300像素/英寸”，“颜色模式”为“RGB颜色”，单击“确定”按钮，创建一个新的图像文件，如图3-15所示。

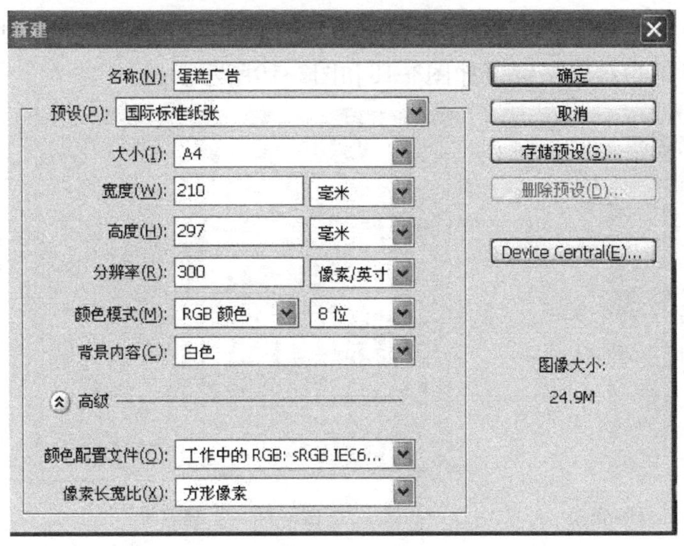

图3-15　新建文件

2）新建一个图层，重命名为“背景1”，设置前景色为R：195、G：224、

B：25，选择“填充工具”，填充“背景1”图层，效果如图3-16所示。

图3-16　填充背景色

3）新建一个图层，重命名为“条纹”，选择“矩形选择工具”，在该图层绘制一个条形矩形选区，填充白色，如图3-17所示。

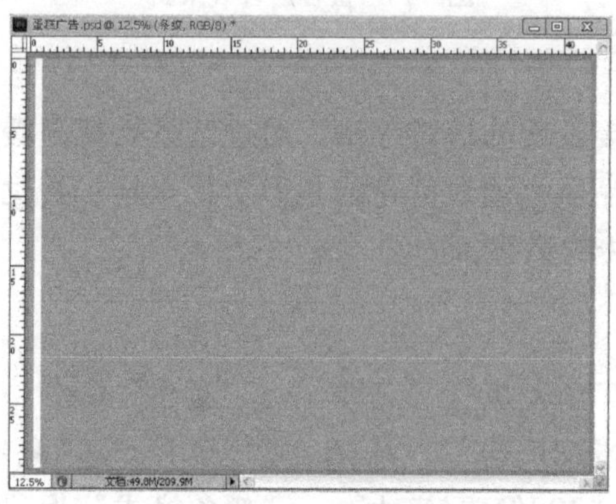

图3-17　填充白色

4）按〈Ctrl+Alt+T〉组合键，进入复制变换功能，复制出相同的一个条纹渐变，然后往右移一个条纹位置大小，按〈Enter〉键结束。紧接着连续按〈Ctrl+Shift+Alt+T〉组合键，连续复制相同的背景条纹，如图3-18和图3-19所示。

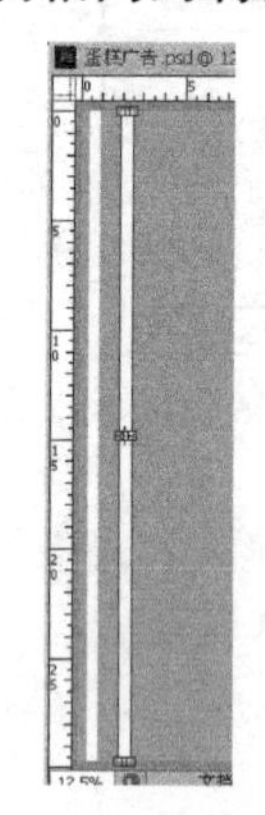

图3-18　复制变换

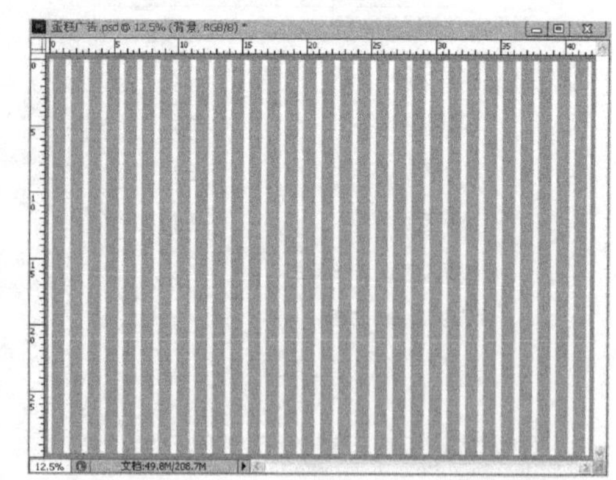

图3-19　复制效果

5）按〈Ctrl+E〉组合键合并“条纹”图层和“背景”图层，重命名为“底纹”，给该图层添加图层蒙版，选择“黑白线性渐变工具”，在底纹图层蒙版上拉线性渐变效果，如图3-20所示。

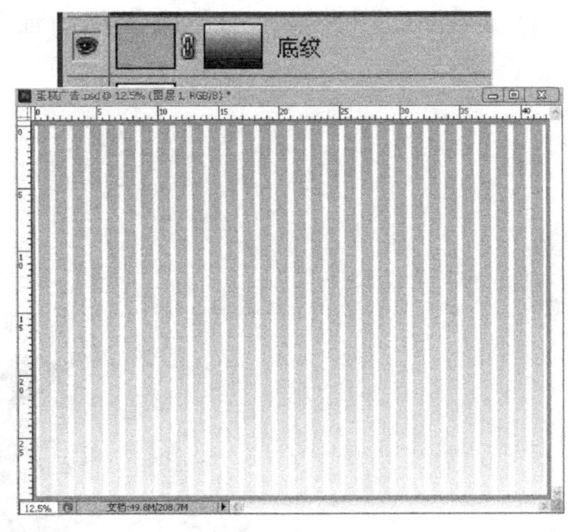

图3-20 渐变效果

6）打开本任务素材文件夹，选择“素材1.jpg”文件，把蛋糕素材图片移动到图像文件中，图层重命名为“素材1”，按<Ctrl+T>组合键，缩小图像移动到合适位置，按<Enter>键结束，如图3-21所示。

图3-21 导入素材

7）选择“素材1”图层，添加图层蒙版，选择工具栏中的“画笔工具”调整画笔大小，在蒙版上画出如图3-22所示的效果。画面最终效果如图3-23所示。

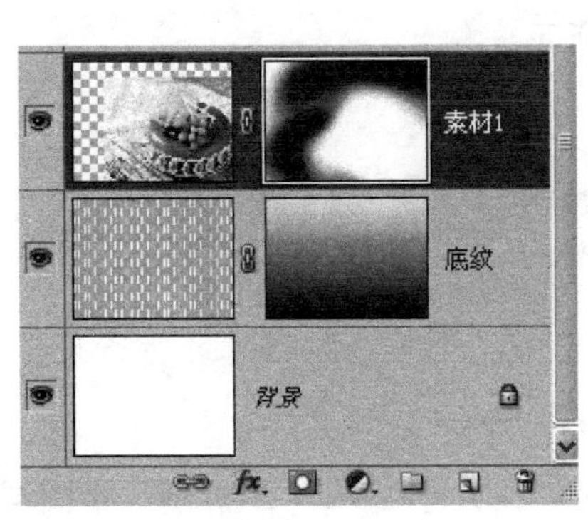

图3-22 蒙版效果

图3-23 画面最终效果

8）打开本任务素材文件夹，选择“标志.jpg”文件，把西饼屋标志移动到图像文件中，重命名“标志”，按<Ctrl+T>组合键，缩小图像移动到合适位置，按<Enter>键结束，如图3-24所示。

图3-24　画面效果

9）新建一个图层重命名为“图底”，然后选择工具栏中的“椭圆工具”，按<Shift>键绘制一个正圆，填充桔黄色，按<Alt>键拖动该图形，分别复制两个正圆对齐并排，如图3-25所示。

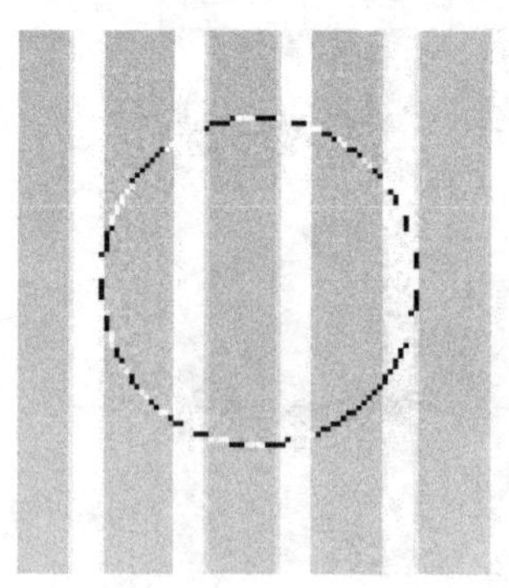

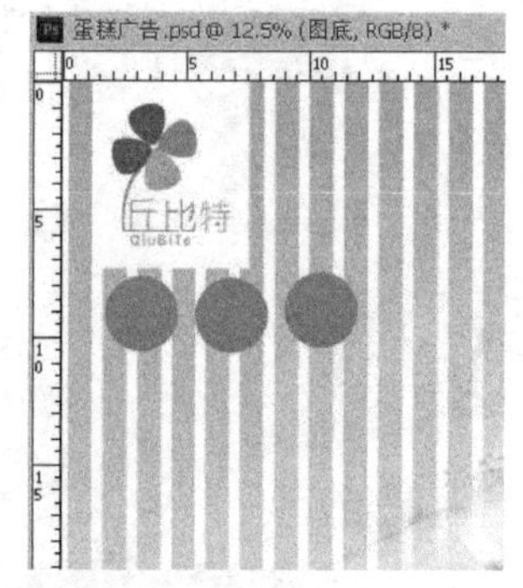

图3-25　绘制图形

10）打开本任务素材文件夹，选择“素材2.jpg”“素材3.jpg”和“素材4.jpg”文件，把3个图片移动到图像文件中，重命名“素材2”“素材3”和“素材4”，按<Ctrl+T>组合键，缩小图像移动到橙色的圆形图形上方，按<Enter>键结束，然后用剪切蒙版分别给3张图片进行图形剪裁，如图3-26所示。

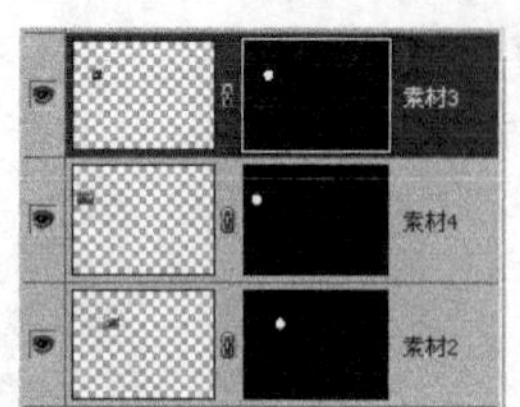

图3-26　图形剪裁

11）选择“画笔工具”，笔触选择“硬边圆”，大小“72”，新建一个图层并重命名为“手绘广告语”。然后用“画笔工具”手绘“快来吃俺们！”，手绘字的处理方式比较灵活，可以随意一点，让画面有POP宣传广告的味道，如图3-27所示。

图3-27　手绘广告语

12）选择“横排文字工具”，分别用“文字工具”输入广告文字内容，参照效果如图3-28所示。

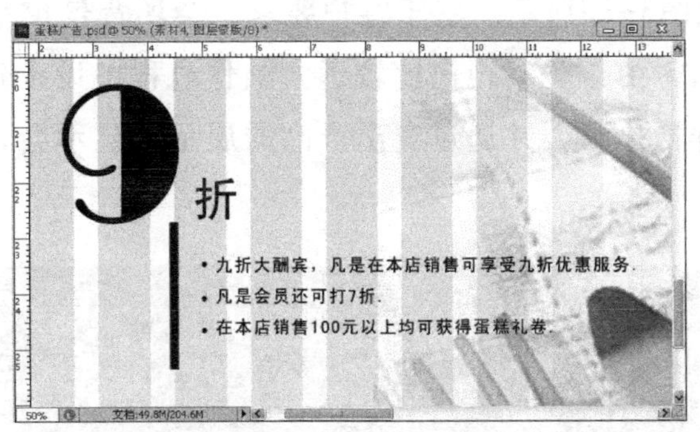

图3-28　输入文字

13）最后对画面的文字、图形做整体的细微调整。至此，本任务制作完成。效果如图3-29所示。

图3-29　完成效果

任务3　设计化妆品公司宣传海报

■ 任务描述

本任务需要设计制作公司大型会议中经常见到的会议海报，以化妆品为主题的海报，以女性客户为主要观众，体现美感。本任务采用简洁的版式内容，通过背景烘托柔美的气氛，使用大幅产品特写和鲜艳的色彩来增强视觉冲击力。

◆ 任务分析

本任务效果图如图3-30所示。鉴于客户要求，会场背景尺寸为300cm×100cm，最终结果为喷绘输出，由于观察距离比较远，制作过程中设置分辨率的大小不宜太大，主题背景颜色鲜艳抢眼，并通过突出产品的展示以显示会议的主题和内容，简洁明了。

项目3

图3-30　柔美丝化妆品公司会议海报效果图

◆ 任务实施

1）启动Photoshop CS6，选择“文件”→“新建”命令，打开“新建”对话框，设置文件“名称”为“柔美丝化妆品培训会议海报”，设置“宽度”为“300厘米”，“高度”为99.98“厘米”，“分辨率”为“36像素/英寸”，“颜色模式”为“8位RGB颜色”，单击“确定”按钮，创建一个新的图像文件，如图3-31所示。

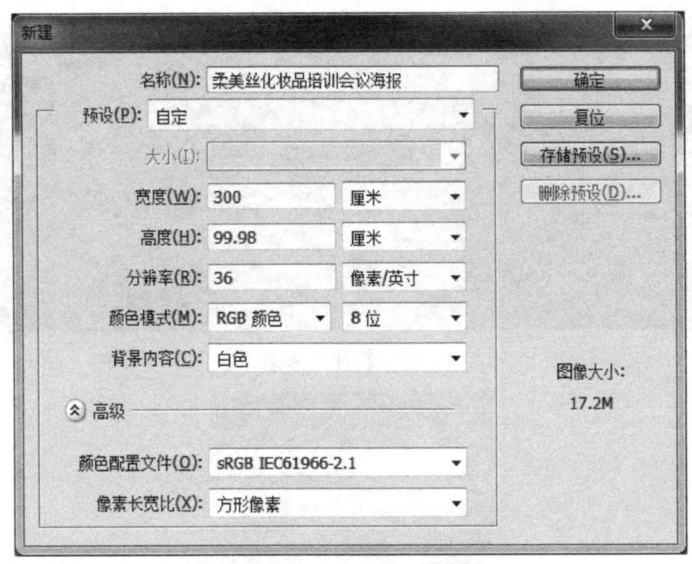

图3-31　新建文件

2）设置前景色为R：17、G：37、B：80，选择“填充工具”，填充“背景”图层，如图3-32所示。

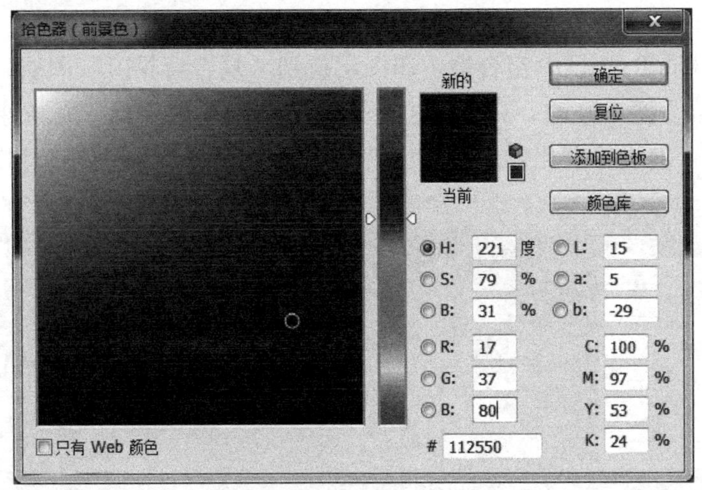

图3-32　填充背景色

3）新建一个图层，重命名为“背景肌理”，选择此新图层，保持第2）步所选颜色（R：17、G：37、B：80）为前景色，背景色为白色，执行“滤镜”→“渲染”→“云彩”命令，在该图层建立云彩效果，并将图层模式设为“柔光”，如图3-33～图3-35所示。

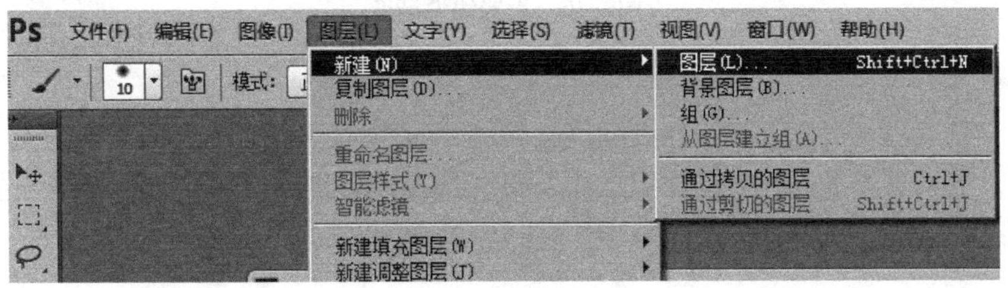

图3-33　新建图层

图3-34　新建云彩效果

图3-35　云彩特效及柔光模式设置

4）按〈Ctrl+Shift+Alt+E〉组合键盖印图层得到“复合背景01”图层，这样做可以保留制作过程图层，便于修改，在此图层上选择“椭圆选框工具”，新建椭圆选区，并按〈Shift+F6〉组合键设置羽化效果，羽化半径设为100像素，如图3-36和图3-37所示。

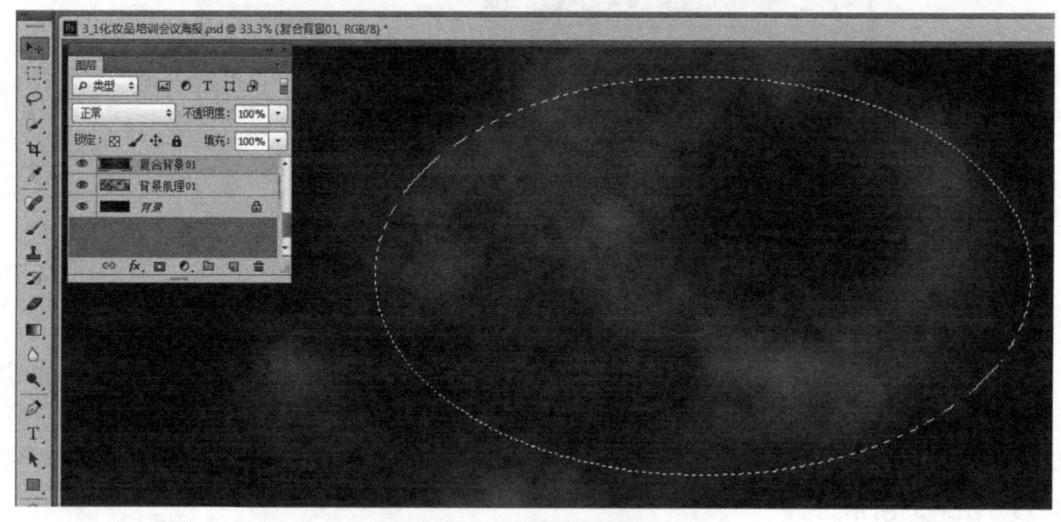

图3-36　设置线性渐变

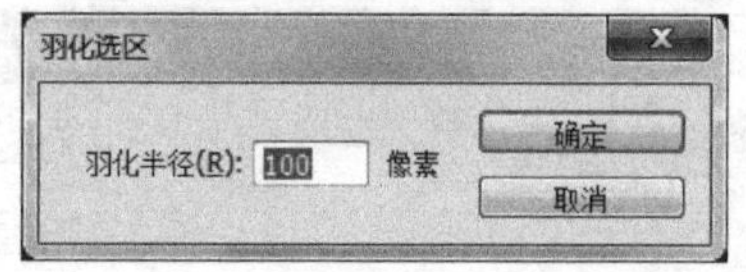

图3-37　设置选区羽化半径

5）为了更方便地编辑选区，按〈Q〉键，进入快速蒙版模式，紧接着按〈Ctrl+T〉组合键，变换蒙版的位置，并进行旋转，调整至如图3-38所示的位置后，按〈Enter〉键结束。

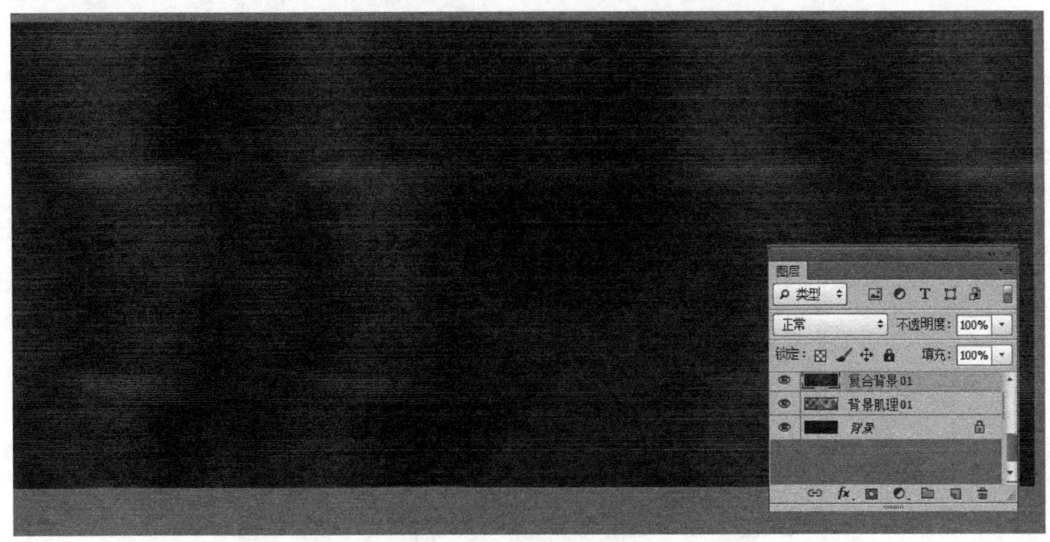

图3-38　快速蒙版的编辑变换

操作提示：

我们对于选取的编辑，如果仅靠使用工具箱中的“选取工具”进行编辑，难以完成多种编辑，为完成这些可以使用快速蒙版或通道的方式进行编辑，本任务采用了快速蒙版（其实和临时Alpha通道作用一样）。

6）执行“滤镜”→“扭曲”→“球面化”命令，按图3-39中参数数据进行设定，按〈Enter〉键结束，如图3-39所示。

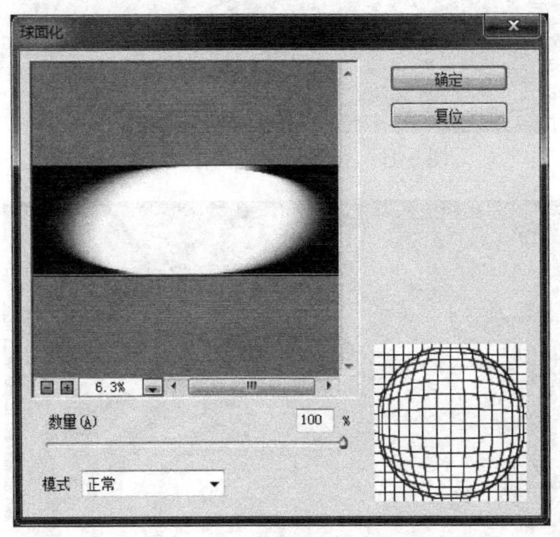

图3-39　对快速蒙版执行滤镜操作

7）按〈Q〉键，切换至选区模式，按〈Ctrl+M〉组合键对当前图层执行“曲线”操作，调整层次，使得背景层次更加丰富，参数如图3-40所示。效果如图3-41所示。

8）按〈Ctrl+D〉组合键取消选区，打开“山茶花素材01.jpg”，用“椭圆选框工具”选取如图3-42所示的部分花朵，并设置羽化半径为200像素，按〈Ctrl+C〉组合键复制。

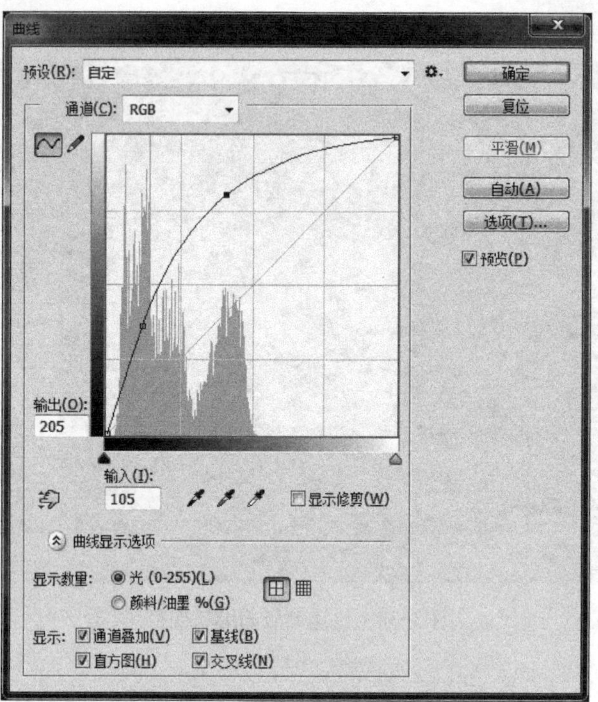

图3-40 曲线调整

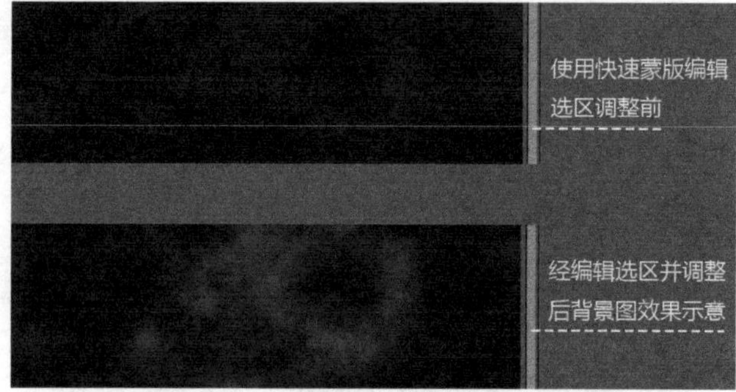

图3-41 背景调整前后效果对比

图3-42 选取部分花朵并羽化复制

项目3

9）将复制的花朵素材粘贴到背景肌理上，并按<Ctrl+T>组合键使用“变换工具”变换合适的大小位置，参照效果如图3-43所示。将花朵图层模式设置为“变亮”，将花朵融合在背景当中。

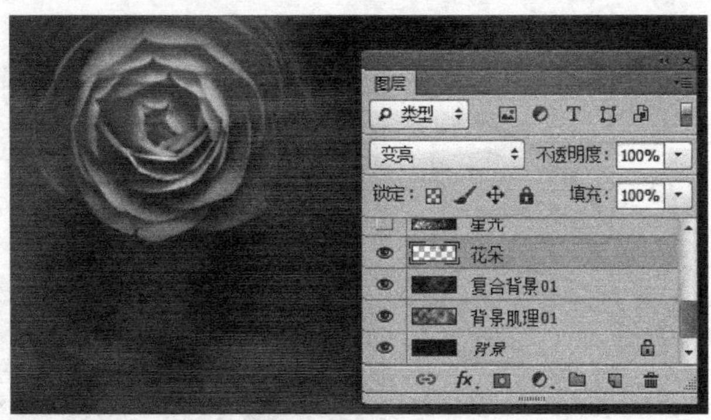

图3-43　效果图

10）打开本任务素材文件夹，选择“星光.jpg”并复制粘贴进文件，置于花朵图层之上，并按<Ctrl+T>组合键使用“变换工具”变换合适的大小位置，参照效果如图3-44所示，并将星光图层模式设置为“叠加”，不透明度设为45%，将星光素材也融合在背景中。

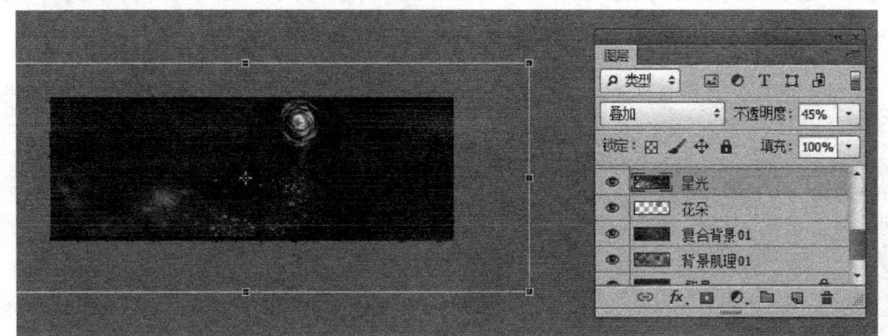

图3-44　效果图

11）打开本任务素材文件夹，选择“公司Logo.jpg”，用魔术棒或者其他选择工具选择素材的部分白底，执行“选择”→“选取相似”命令，如图3-45所示。

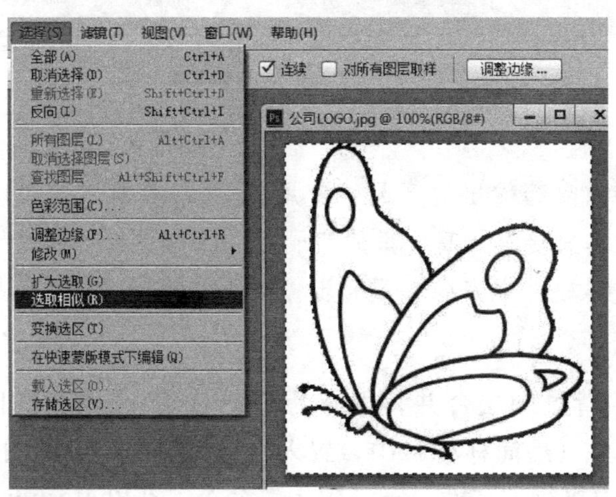

图3-45　选取Logo素材

12）执行“选择”→“反向”命令，并按<Ctrl+C>组合键进行复制，然后移至星光图层之上，并按<Ctrl+I>组合键将黑色Logo变换为白色蝴蝶Logo，如图3-46所示。

图3-46　公司Logo反转效果图

13）在蝴蝶Logo的旁边，输入ROMANCE公司名字，字体为“LucidaFax”，大小为250点。在其他位置输入合适的文字，并设置合适的文字大小。本任务中的中文字体皆为“黑体”。至此完成本任务的制作，如图3-47所示。

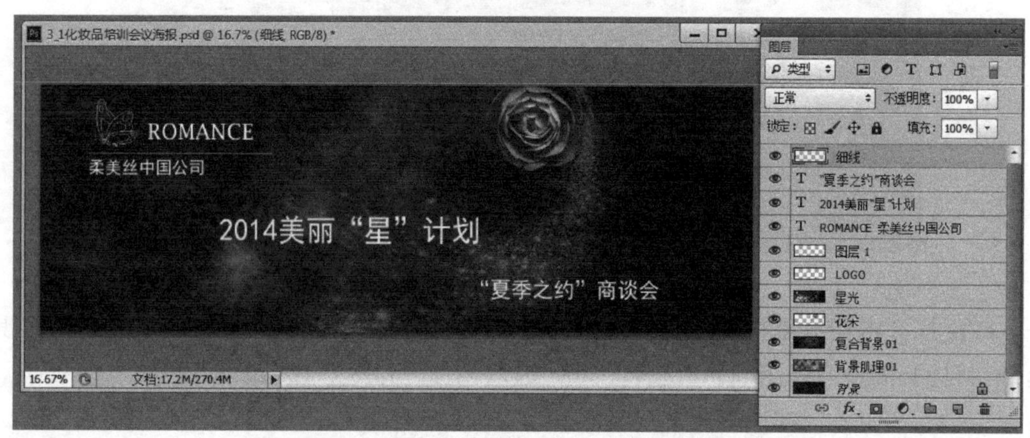

图3-47　完成稿及图层展示

操作提示：

本任务为大幅面喷绘输出的产品，使用Photoshop制作步骤12）、步骤13）是允许的，但是如果本文要求为高质量的印刷品，Logo的制作和文本的输入就需要在Adobe Illustrator这类软件中完成。下列步骤即是以Illustrator中的操作为例，完成上述Logo和文本的制作。

1）将制作好的背景图层合并，保存为TIFF或者jpg格式的图像文件，置入到Adobe Illustrator软件（后简称AI）中，置入之前，需要设定如图3-48所示的相应幅面大小，然后在AI中执行“文件”→“置入”命令，在Photoshop中制作并保存好背景图，如图3-49所示，单击菜单栏下的“嵌入”按钮，文档会变得大些，这样做的好处是不再需要关注图像链接的问题，同时图像模式也会按照AI新建时的设定改变为CMYK模式。

图3-48 在Illustrator中新建文档

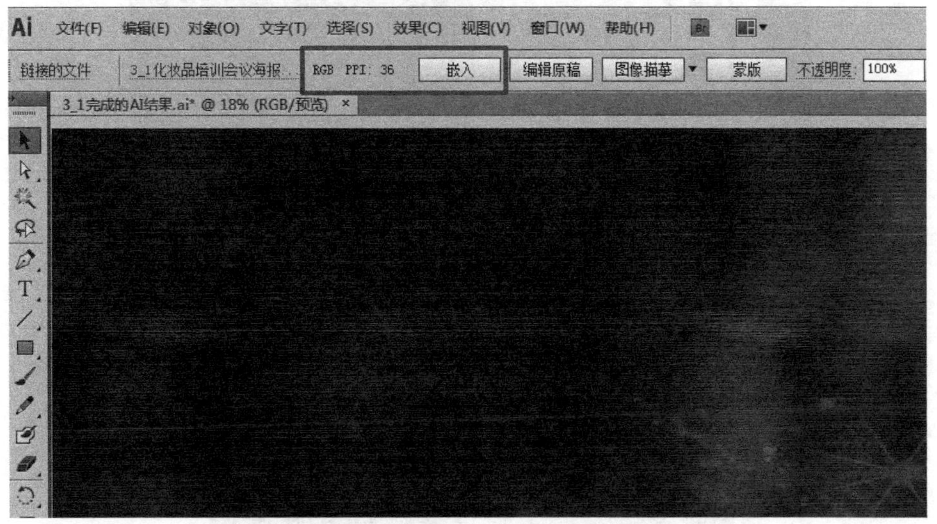

图3-49 置入Photoshop制作好的底图

2）导入公司Logo.jpg的素材图，单击菜单栏下的“图像描摹”按钮，如图3-50所示。描摹后的结果是将公司Logo的点阵图转换成为矢量图，如图3-51所示，并单击“扩展”按钮，将描摹结果的路径扩展开，如图3-52所示。执行“编辑”→“取消编组”命令，如图3-53所示，删去Logo白色底，如图3-54所示。

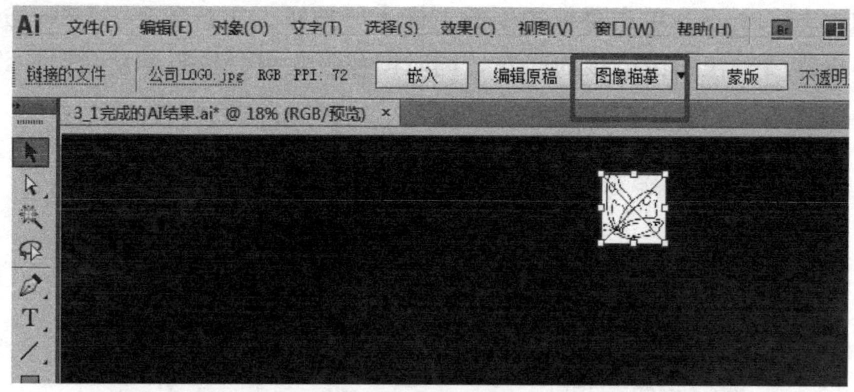

图3-50　导入公司Logo图标

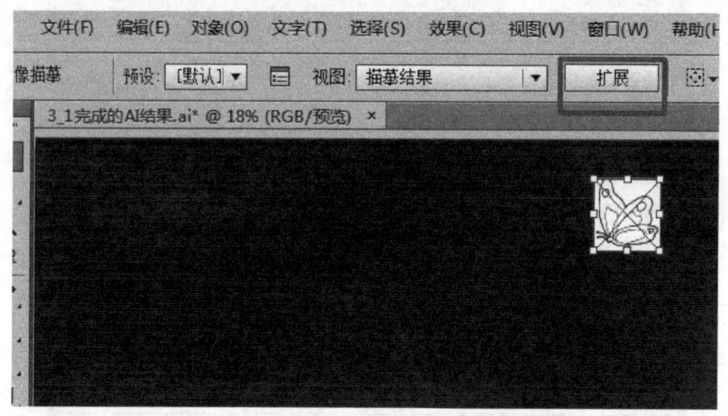

图3-51　描摹此图将位图转为矢量图

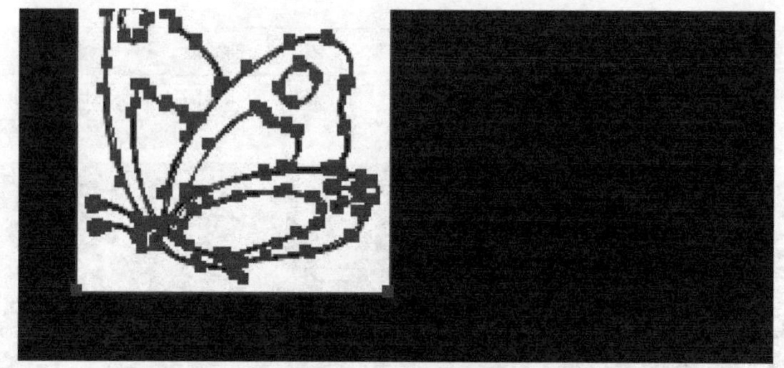

图3-52　扩展矢量图

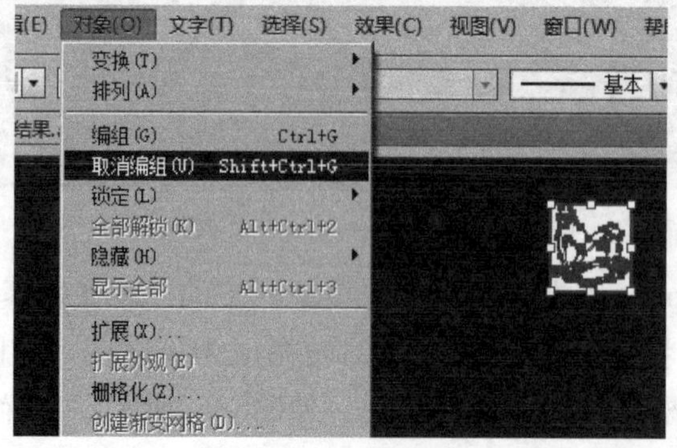

图3-53　选择“取消编组”命令

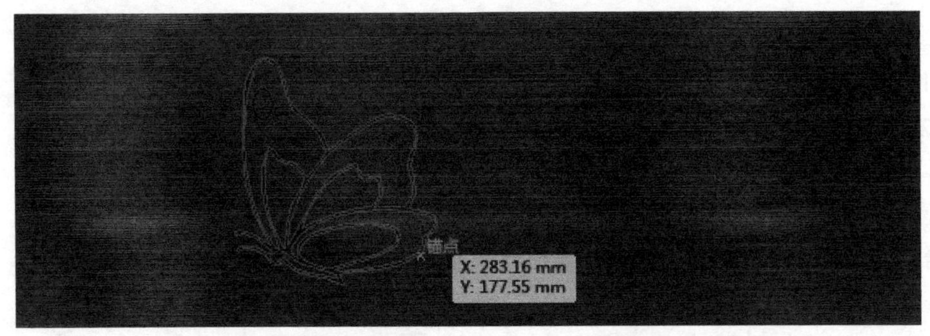

图3-54　取消编组后逐个删除白色背景

本步骤操作说明：

本任务中使用了“自动描摹工具”制作Logo图形，在实际操作过程中，如果图形比较复杂，很多场合更多是采用“钢笔工具”手动勾描而得到。

3）选中此Logo，修改蝴蝶颜色为白色，如图3-55所示，并缩放至合适的大小位置，选择工具箱中的“文字工具”和“直线工具”，按图3-56所示文字输入、画出直线，得到最终结果，保存准备输出。

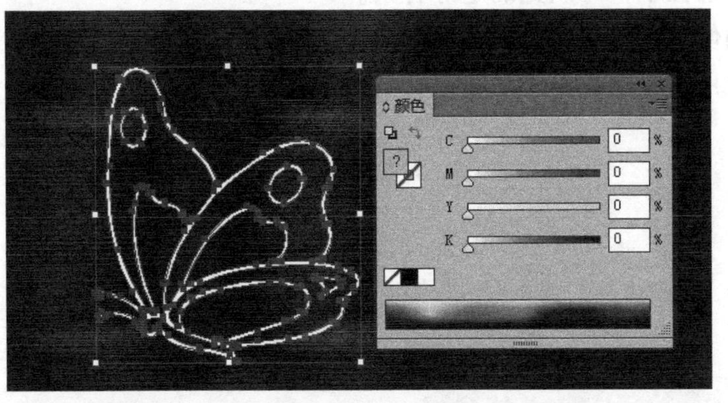

图3-55　使用“颜色工具”将蝴蝶颜色改为白色

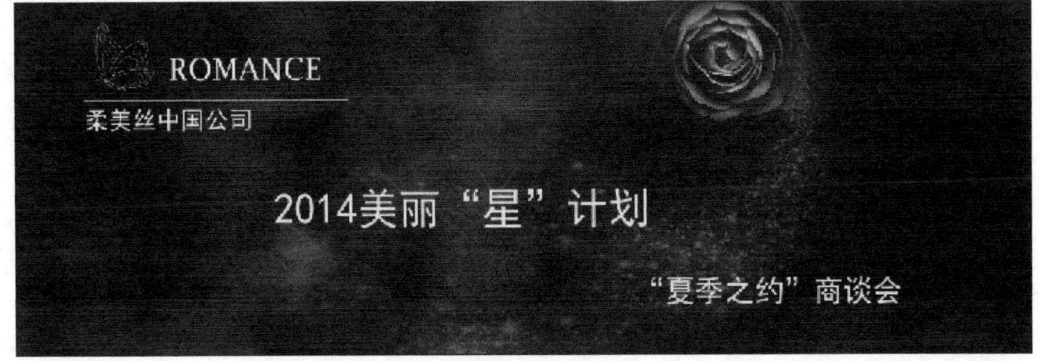

图3-56　结果图

4）输出文件的保存。文件在Photoshop或者Illustrator中制作完毕以后，要根据喷绘商的需要保存成相应的格式，喷绘一般是要求jpg图像格式，压缩量不要设置得太大，以免影响最终结果图像质量。

知识技巧点拨

1）选区可以和蒙版相互转换，以方便操作。

2）图层之间的混合模式可以帮助元素之间自然过渡。

◆ 任务拓展　设计社团招新海报

给自己喜欢的学校社团设计一幅招新海报，完成后，相互之间评价总结。

任务描述

搜索一些你喜欢的学校社团的相关素材，制作一幅招新宣传的海报，以提高这个社团的知名度，并为招入新成员做宣传。

学校摄影协会招新海报，海报尺寸：60cm×45cm，最终输出形式为喷绘。

任务要求

在制作海报过程中，要注意海报招贴的幅面设计大小和分辨率大小，版面要整洁和美观，信息排列合理而有序，能突出宣传作用。

任务提示

1）在制作过程中，可以先确定好背景。

2）注意图像输出的方法，考虑分辨率的设置。

3）适当采用图层混合模式和字体特效进行制作。

项目4

设计DM单广告

项目描述

DM是英文Direct Mail Advertising的省略表述，直译为“直接邮寄广告”，即通过邮寄、赠送等形式，将宣传品送到消费者手中、家里或公司所在地。亦有将其表述为Direct Magazine Advertising（直投杂志广告）。两者没有本质上的区别，都强调直接投递（邮寄）。DM单是一种比较精美的宣传品，主要以自身的特色和良好的创意、设计、排版、印刷以及富有吸引力的语言来吸引消费者，以达到出色的宣传效果。它的表现形式多样化，有传单形式、宣传册形式、折页形式、请柬以及卡片等形式。常见的折页形式有4页、6页、8页的平行折页方式，本项目介绍的是6页的平行折页方式。在设计DM单的版面时，要追求版面的整体性，注意文字和图片之间的平衡关系，文字和留白之间的编排，遵循图文排版追求美的原则。创作设计别致精美的DM单折页不仅可以起到更好的宣传作用，同时也可以成为一件精美的艺术品。

学习目标

通过DM单广告设计项目制作学习，可以掌握几种工具在Photoshop中的综合应用：在制作过程中运用“钢笔工具”绘制图像路径，运用“文字工具”编排文字的应用，注意文字与画面的搭配，运用“图层蒙版工具”与色彩线性渐变的结合应用等。

任务1　设计美容院折页——外折页 <<<

■ 任务描述

本任务以卓悦美会美容院为例，来制作美容院的折页设计。随着人们经济能力和消费水平、消费层次的提高，消费者上美容院已不仅满足于得到美容护理的服务，而更多的是希望同时可以健身、休闲、美体等。本任务中的折页方式是采用6页的平行折页方式，外折页设计中的内容为介绍企业的文化，内折页中的内容为产品介绍和服务介绍等，版面的布局设计优雅美丽，以清新素雅的色调为主，给人一种赏心悦目、卓尔不群的感觉。

◆ 任务分析

如图4-1所示（外折页），此折页的设计注重版面的平衡效果，特别是文字和图片之间的关系，以及版面的留白。如果只是为了信息的编排，把所有的元素都重叠排在一起而不留空隙，就会给人一种压迫感，从而丢失画面的美感。所以，画面的平衡效果好，会给人美的感受。

图4-1　美容院外折页设计平面图

◆ 任务实施

1）启动Photoshop CS6，执行“文件”→“新建”命令，打开“新建”对话框，设置文件“名称”为“外页 美容院折页”，设置“宽度”为“30.3厘米”，“高度”为“21.6厘米”，“分辨率”为“300像素/英寸”，“颜色模式”为“8位CMYK颜色”，单击“确定”按钮，创建一个新的图像文件，如图4-2所示。

图4-2　新建文件

2）在图像窗口中按<Ctrl+R>组合键显示标尺，执行“视图”→“新建参考线”命令，分别在图像窗口的0.3cm、9.9cm、20.1cm、30cm处的垂直位置和0.3cm、21.3cm处水平位置创建参考线，如图4-3所示。

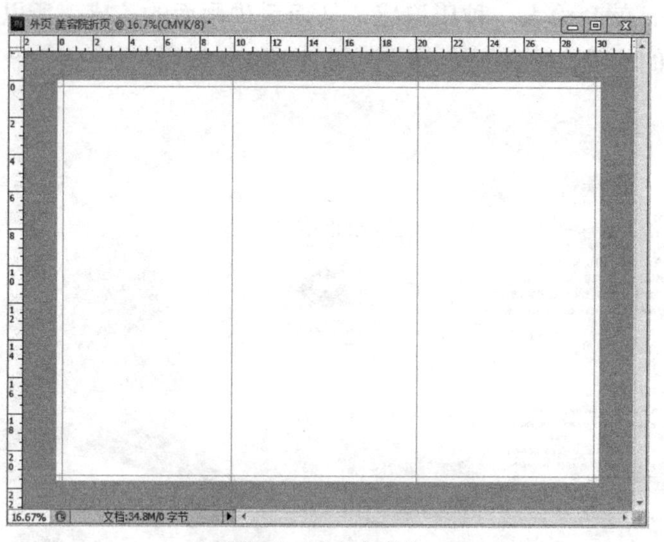

图4-3　建立参考线

3）执行“文件”→“打开”命令，打开素材文件“宣传照片1.jpg”，将图像移到“外页美容院折页”图像文件的右侧位置，按<Ctrl+T>组合键，参照参考线位置，对图像进行适当缩小。按<Enter>键完成自由变换操作，然后用“钢笔工具”创建选区形状修饰图像，并将此图层命名为“背景1”，如图4-4所示。

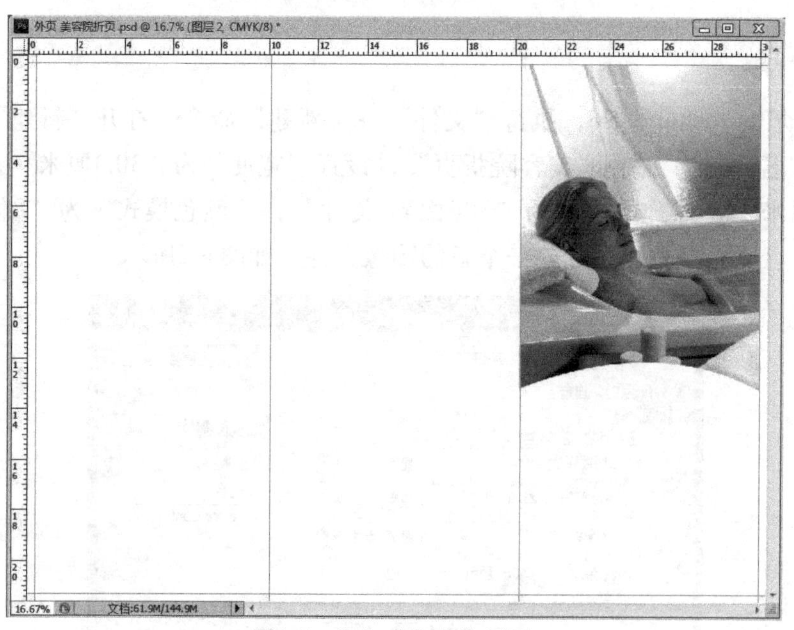

图4-4　建立“背景1”图层

4）在图层面板中新建一个图层，重命名为“辅助色”，如图4-5所示。选择“背景1”图层，按<Ctrl>键双击该图层建立选区，建立选区后再选择“辅助色”图层，填充颜色为R:248、G:243、B:202，完成填充后将该辅助色块向下移，衬托“背景1”图像，然后打开“素材图案1.psd”和“美容院标志.psd”2个素材文件。将图像文件移动到适当位置，完成折页的封面效果，如图4-6所示。

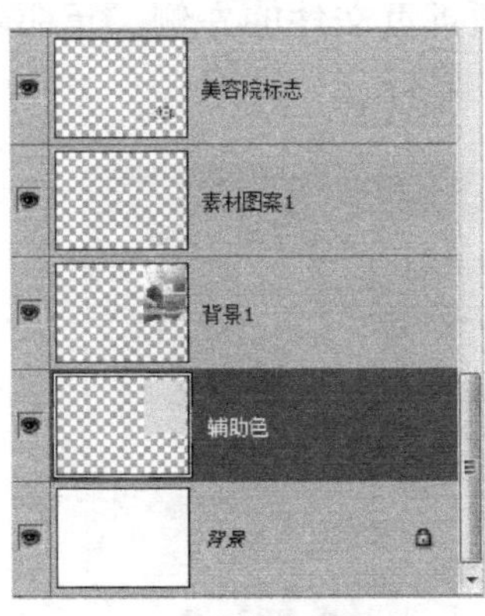

图4-5 辅助色图层

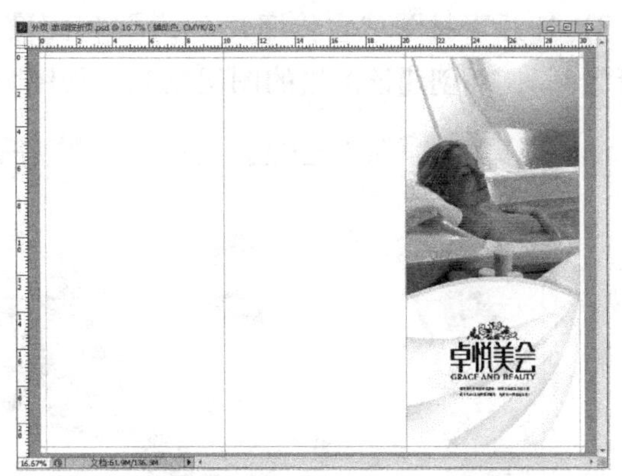

图4-6 添加素材

5）打开素材图“宣传照片2.jpg”，将图像文件移动到折页中间，重命名为“背景2”，用“钢笔工具”绘制选区修饰该图像形状，设置不透明度为60%，如图4-7所示，然后建立“辅助色2”图层，参照“辅助色”的制作方法，效果如图4-8所示。

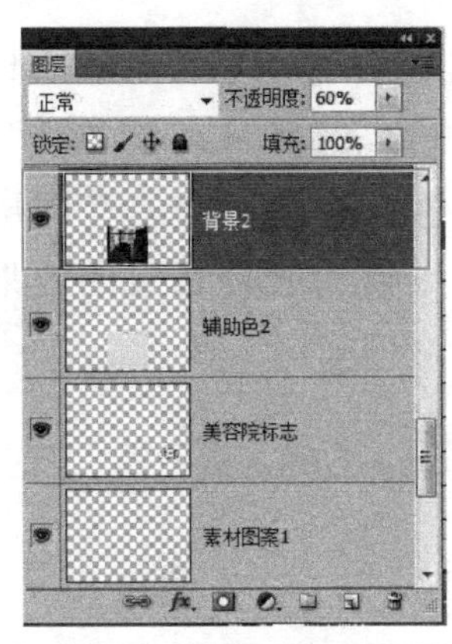

图4-7 降低透明

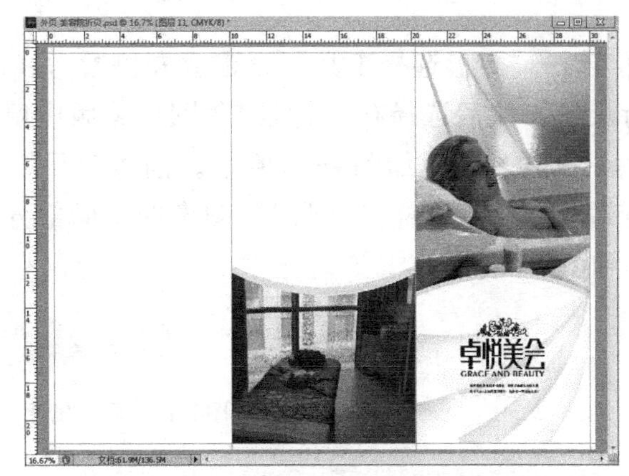

图4-8 效果图

6）打开素材图“宣传照片3.jpg”，将图像文件移动到折页中间，重命名为“背景3”，并缩小图像。然后选择“美容院标志”图层，按<Alt>键拖动该标志，复制出“美容院标志副本”图层，移动到“背景3”图像上方，最后在“背景3”下方用“横排文字工具”输入文字，如图4-9和图4-10所示。

图4-9 文字编排

图4-10 效果图

7）打开素材图“宣传照片4.jpg”将图像文件移动到折页文件的左侧，重命名为“背景4”，并创建该图层的图层蒙版，如图4-11和图4-12所示。

图4-11　效果图　　　　图4-12　图层蒙版

8）选择“矩形选择工具”，建立左侧参考线内的选区，按<Ctrl+Shift+I>组合键进行反选，然后选择在“背景4”图层蒙版中填充黑色。选择“画笔工具”，在属性栏中设置参数，如图4-13所示。前景色设置为黑色，然后用画笔在图层蒙版中进行适当涂抹，这样“背景4”图像的中间部分产生半透明融合背景的效果，如图4-14和图4-15所示。

图4-13　画笔属性

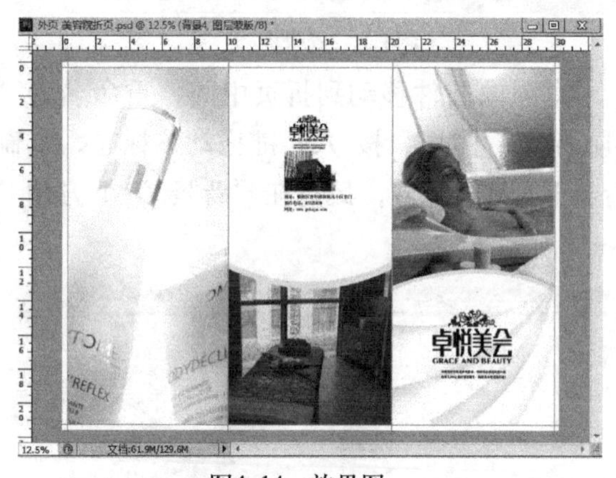

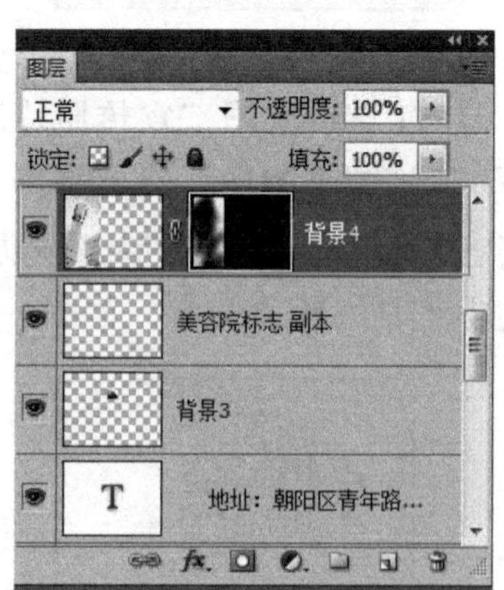

图4-14　效果图　　　　图4-15　图层蒙版

9）选择“横排文字工具”，在图像的左侧版面中输入素材文本中的卓悦美会的企业文化、产品介绍以及服务介绍。字体统一用“黑体”，在版式的顶部编排卓悦美会的文字标志，企业文化的字号设定为“9”，产品介绍的字号设置为“7.5”，服务介绍的字号设置为“7”。完成图如图4-16所示。

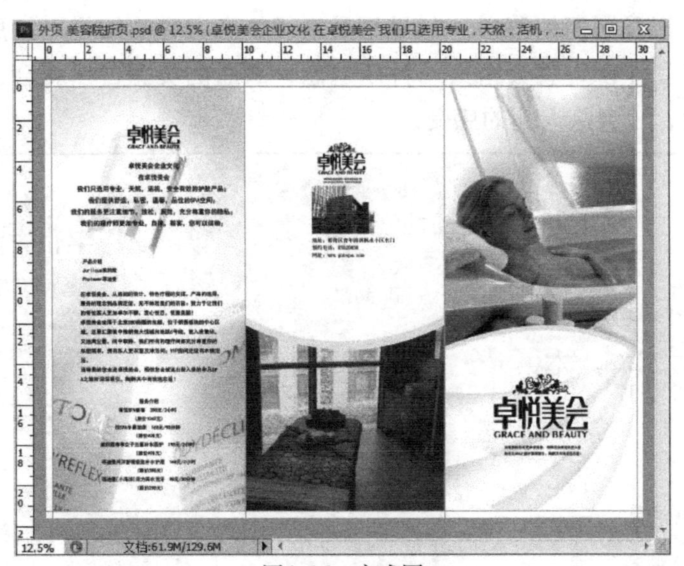

图4-16　完成图

本任务中我们完成了美容院折页设计的外折页部分的版式设计，外折页部分注重版面的整体布局，文字和图片协调的处理，在版面编排上采用引导性的视觉流程不仅可以达到版面简洁的效果，而且能让读者快速明白版面要传达的信息。在任务2中将继续完成美容院折页设计的内折页部分。

知识技巧点拨

1）在使用“画笔工具”编辑图层蒙版时，对于“画笔工具”选项栏中的“不透明度”设置，可以决定涂抹处图像被屏蔽的程度。不透明度值越高，图像被屏蔽的程度越高，反之屏蔽程度越低。

2）可以使用“钢笔工具”或者自由“钢笔工具”绘制各种形状的路径，或者通过将选区转换为路径的方法创建路径，然后为当前选定的图层添加不同形状的矢量蒙版。

任务2　设计美容院折页——内折页

任务描述

本任务要继续制作美容院的内折页设计，内折页中的信息内容为产品介绍和服务介绍等，内折页的设计与外折页设计风格统一，注重版面的整体布局设计，以及视觉流程的引导。同样以清新素雅的色调为主，给人一种赏心悦目、卓尔不群的感觉。

任务分析

效果如图4-17所示（内折页），此折页的设计注重版面的编排，特别是文字和图片之间的关系，以及版面的留白。如果只是为了信息内容的编排，把所有的元素都重叠排在一起而不留空隙，就会给人一种压迫感，画面的美感自然就会丢失。所以，注重画面平衡效果，才会给人美的感受。

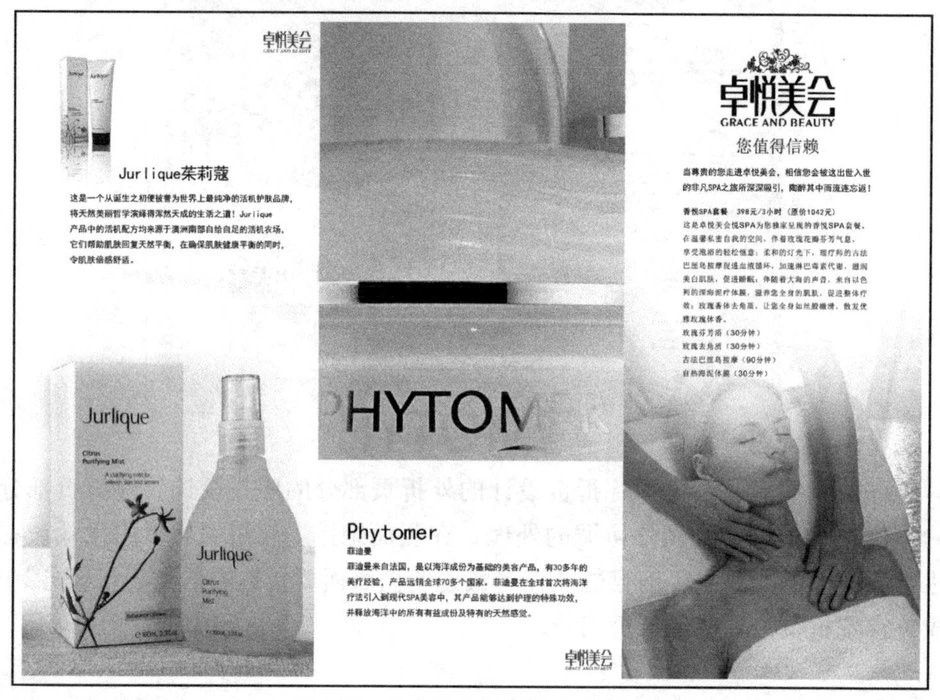

图4-17 美容院内折页设计平面图

◆ 任务实施

1）启动Photoshop CS6，执行“文件”→“新建”命令，打开“新建”对话框，设置文件“名称”为“内页 美容院折页设计”，设置“宽度”为“30.3厘米”，“高度”为“21.6厘米”，“分辨率”为“300像素/英寸”，“颜色模式”为“8位CMYK颜色”，单击“确定”按钮，创建一个新的图像文件，如图4-18所示。

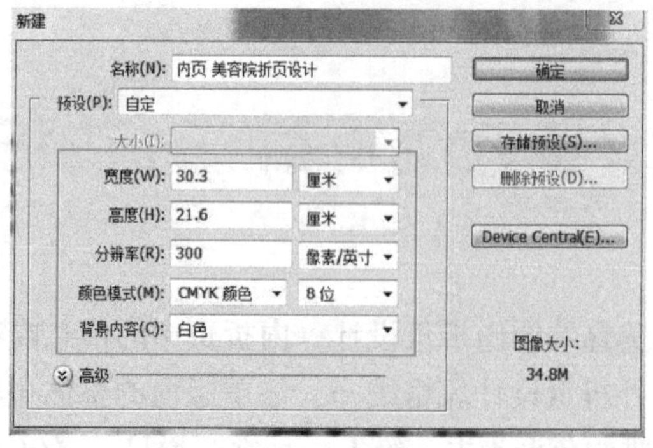

图4-18 新建文件

2）在图像窗口中按〈Ctrl+R〉组合键显示标尺，执行“视图”→“新建参考线”命令，分别在图像窗口的0.3cm、9.9cm、20.1cm、30cm处的垂直位置和0.3cm、21.3cm处水平位置创建参考线，如图4-19所示。

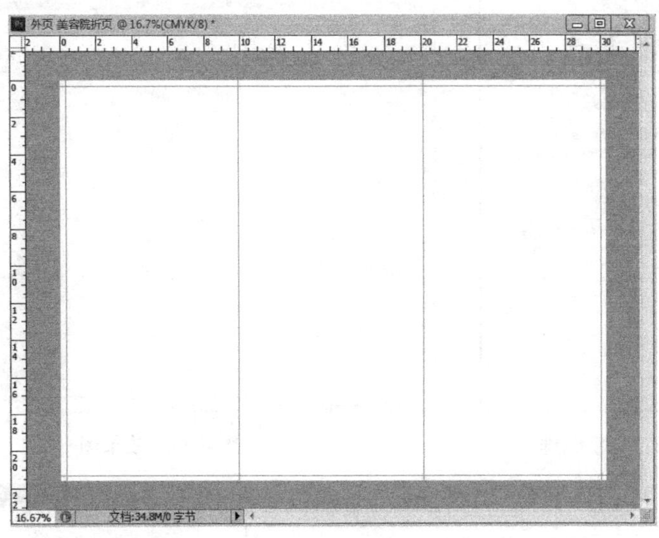

图4-19　建立参考线

3）执行“文件”→“打开”命令，打开素材文件“宣传照片5.jpg”，将图像移到“内页 美容院折页设计”图像文件的右侧位置，按<Ctrl+T>组合键，对齐参考线，对图像进行适当缩小，按<Enter>键完成操作，然后给图像建立图层蒙版，选择该图层蒙版，用“画笔工具”进行涂抹，让图像与白色背景达到自然融合，并将此图层命名为“背景5”如图4-20和图4-21所示。

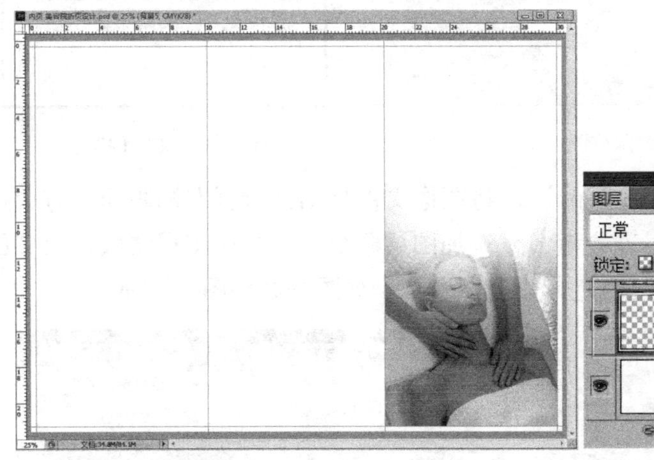

图4-20　修饰图像

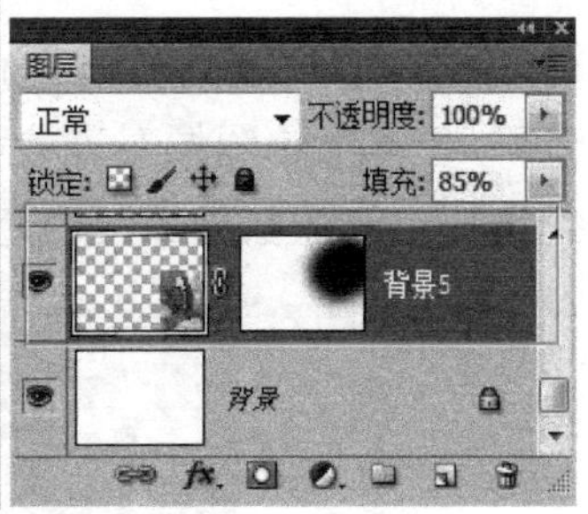

图4-21　图层蒙版

4）打开素材“美容院标志.psd”，将标志图形移至右侧版面顶部居中，选择“横排文字工具”，在图像的右侧版面中输入素材文本中的相关产品文字介绍内容，如图4-22所示，字体统一用“黑体”左对齐，字号7。效果如图4-23所示。

5）打开素材图“宣传照片6.jpg”，将图像文件移动到折页中间，重命名为“背景6”，按<Ctrl+T>组合键，对齐中间版面参考线，然后参照参考线对图像进行适当裁剪，效果如图4-24所示。选择“横排文字工具”输入产品文字介绍，字体为“黑体”，左对齐，字号为8。最后在右下角添加文字标志，如图4-25所示。

图4-22　文字编排

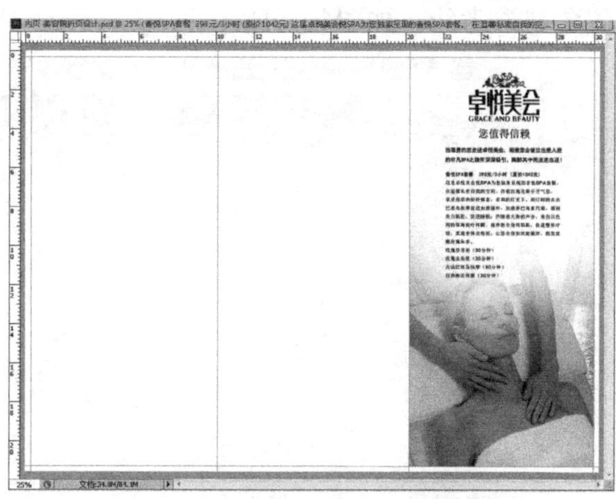

图4-23　效果图

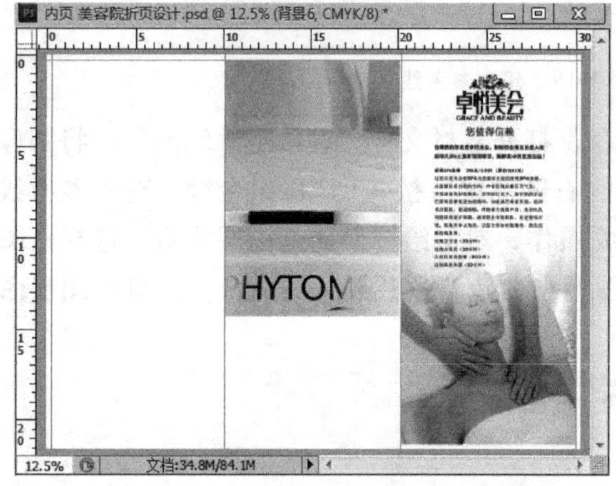

图4-24　调整图

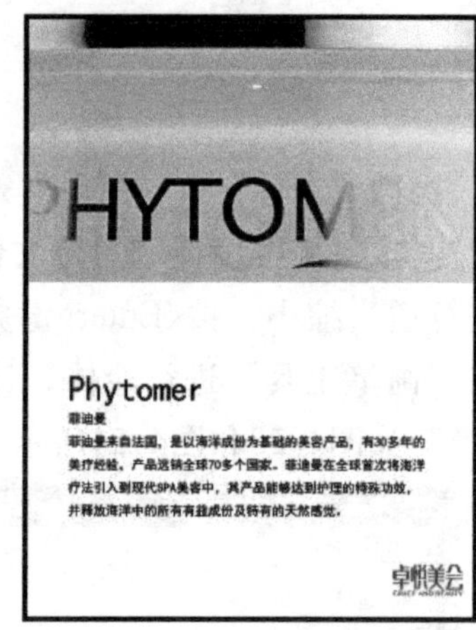

图4-25　文字内容

6）打开素材图“宣传照片7.jpg”，将图像文件移动到折页左侧版面下方，重命名为“背景7”，并缩小图像对齐参考线，添加图层蒙版，选择该图层蒙版，用“画笔工具”进行涂抹，让图像顶部与白色背景自然融合，如图4-26和图4-27所示。

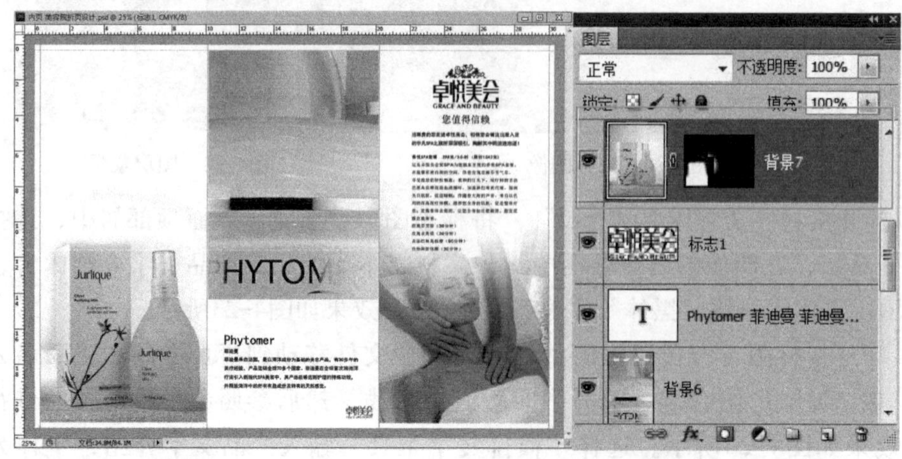

图4-26　效果图　　　　图4-27　图层蒙版

7）打开素材图“宣传照片8.jpg”，选择“钢笔工具”对产品外围绘制路径，如图4-28所示，然后按〈Ctrl+Enter〉组合键将路径转换为选区，如图4-29所示，最后将选区内的产品移到折页版面中，重命名为“背景8”。

图4-28　钢笔绘制路径

图4-29　路径转选区

8）选择“背景8”图层，执行“图层”→“复制图层”命令，将复制图层重命名为“背景8倒影”，然后执行“编辑”→“变换”→“垂直翻转”命令，最后给“背景8倒影”图层添加图层蒙版，对图层蒙版进行线性渐变制作倒影效果，效果如图4-30和图4-31所示。

图4-30　倒影效果

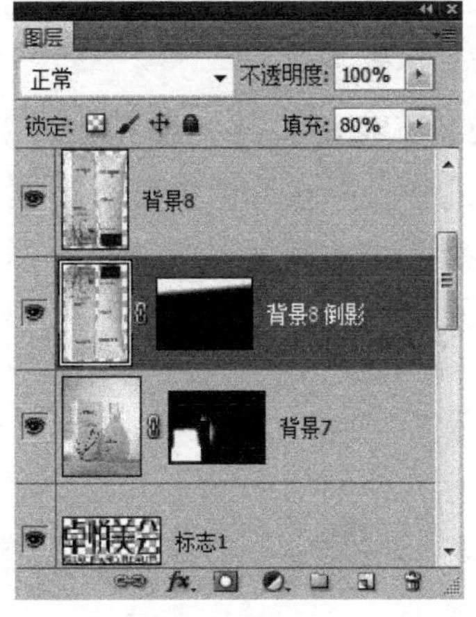

图4-31　倒影图层

9）选择“横排文字工具”，在图像的左侧版面中输入素材文本中的产品文字介绍。字体统一用“黑体”，字号为8，在版式的顶部右侧添加卓悦美会的文字标志，效果如图4-32所示。

本任务完成了美容院折页设计的内折页部分的版式设计，在版面编排上采用引导性的视觉流程不仅可以使版面效果简洁，而且能让读者快速明白版面要传达的信息。在任务3中将完成本项目美容院折页设计的最后部分效果图。

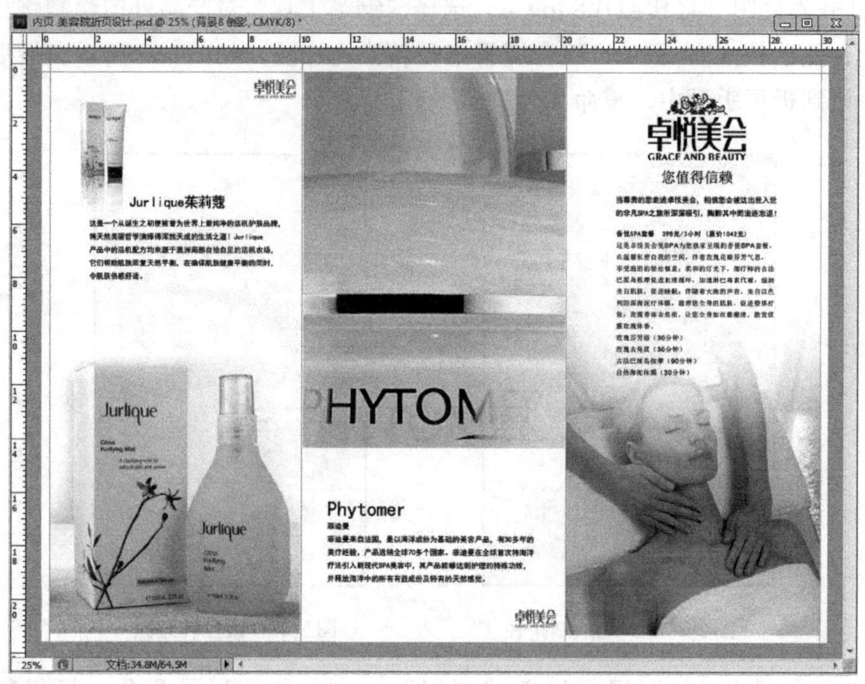

图4-32　完成效果图

知识技巧点拨

1）“钢笔工具”绘制路径可以转换为选区，并且可以将路径保存在“路径”面板中，以备随时使用。由于组成路径的线段是由锚点连接，因此可以很容易地改变路径的位置和形状。

2）在使用“钢笔工具”绘制直线路径时，按<Shift>键，可以绘制出水平、45°和垂直的直线路径。在绘制路径的过程中，当绘制完一段曲线路径后，按<Alt>键在平滑锚点上单击，转换其锚点属性，然后再绘制下一段路径时单击鼠标左键，生成的将是直线路径。

任务3　设计美容院折页——效果图

任务描述

本任务将制作美容院折页设计的立体效果图。在前面的两个任务中分别制作了折页的外折页和内折页的平面版式，而效果图的制作可以更直观地看出设计作品视觉传达的效果。

任务分析

效果图的制作其目的就是让设计作品更具视觉传达的直观性。下面将制作成品折页叠加展示的效果，如图4-33所示。

图4-33　美容院折页设计效果图

◆ 任务实施

1）启动Photoshop CS6，执行“文件”→“新建”命令，打开“新建”对话框，设置文件“名称”为“美容院折页设计效果图”，设置“宽度”为“27厘米”，“高度”为“21厘米”，“分辨率”为100“像素/英寸”，“颜色模式”为“RGB颜色”，单击“确定”按钮，创建一个新的图像文件，如图4-34所示。

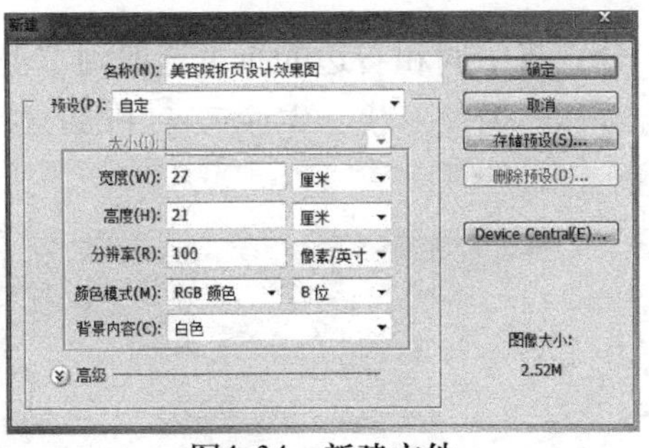

图4-34　新建文件

2）新建一个图层，重命名为“背景层”，选择“渐变工具”，调节色标如图4-35所示。然后选择径向渐变模式，从“背景层”中间向外拉渐变效果，效果如图4-36所示。

图4-35　线性渐变

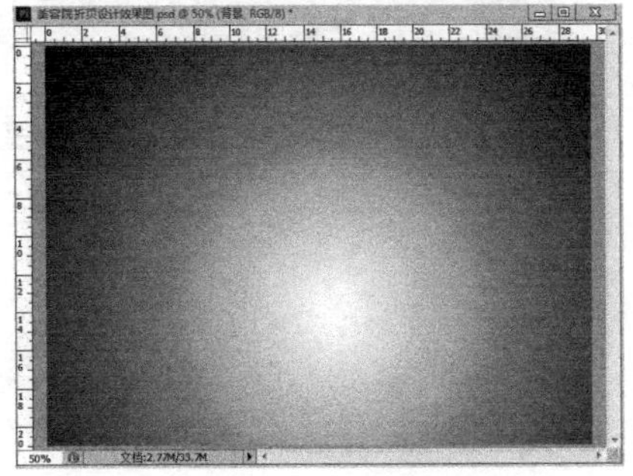

图4-36　效果图

3）执行“文件”→“打开”命令，打开文件“内页美容院折页设计.psd”，将“内页美容院折页设计”图像文件内的所有图层进行合并，单击“矩形选框工具”，选取图像文件的右边部分，按〈V〉键切换到“移动工具”，将图像文件移到“美容院折页设计效果图”图像文件中，按〈Ctrl+T〉组合键调整图像形状，完成后按〈Enter〉键，效果如图4-37所示。

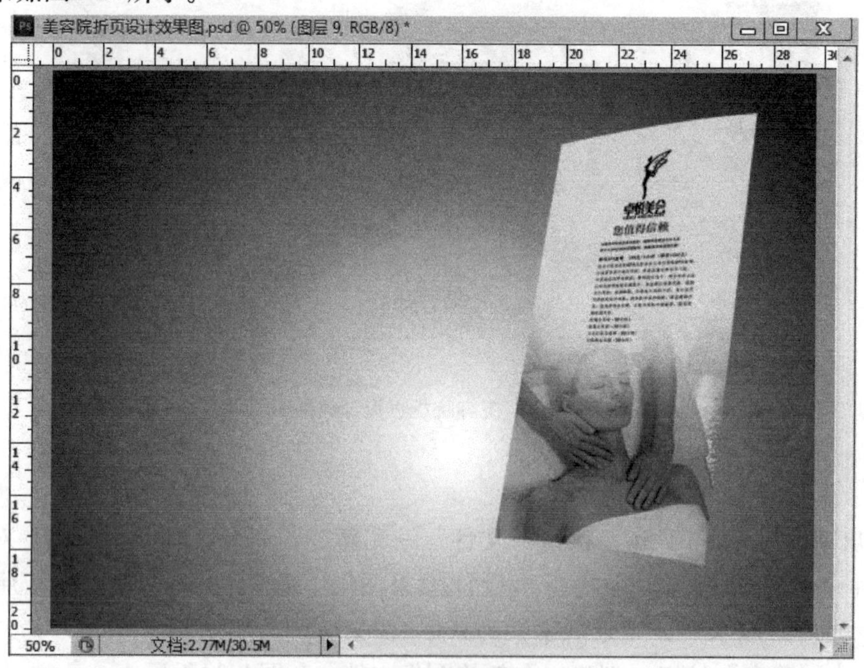

图4-37　透视调整

4）采用相同的方法，分别将中间和右边的折页选取到“美容院折页设计效果图”图像文件中，按〈Ctrl+T〉组合键调整图像形状，完成后按〈Enter〉键，效果如图4-38所示。

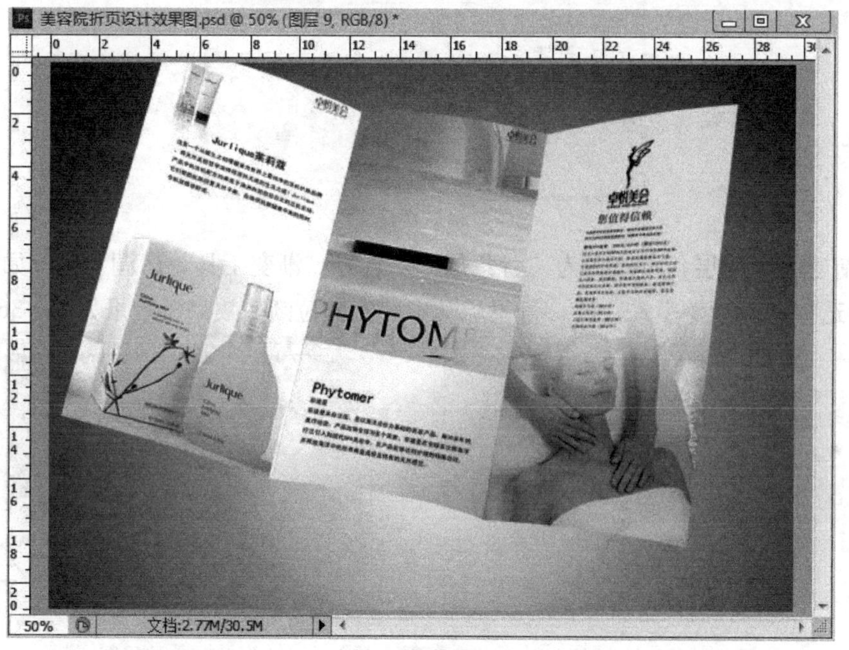

图4-38　效果图

5）新建一个图层，重命名为“阴影”，拖至背景层上方，如图4-39所示。然后选择“画笔工具”，在折页边缘位置涂抹阴影效果，衬托出折页立体的阴影效果，如图4-40所示。

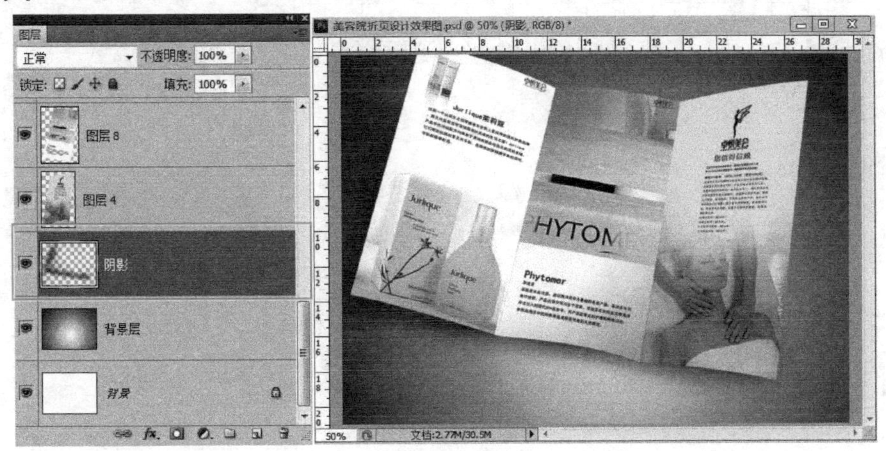

图4-39　阴影蒙版　　　　　　　　　　　　　图4-40　阴影效果图

6）执行“文件”→“打开”命令，打开文件“外页美容院折页设计.psd”，将“外页美容院折页设计”图像文件内的所有图层进行合并，单击“矩形选框工具”，选取图像文件的中间部分，按〈V〉键切换到“移动工具”，将图像文件移到“美容院折页设计效果图”图像文件中，按〈Ctrl+T〉组合键调整图像形状，完成后按〈Enter〉键，并命名为“封底”。封底效果如图4-41所示。

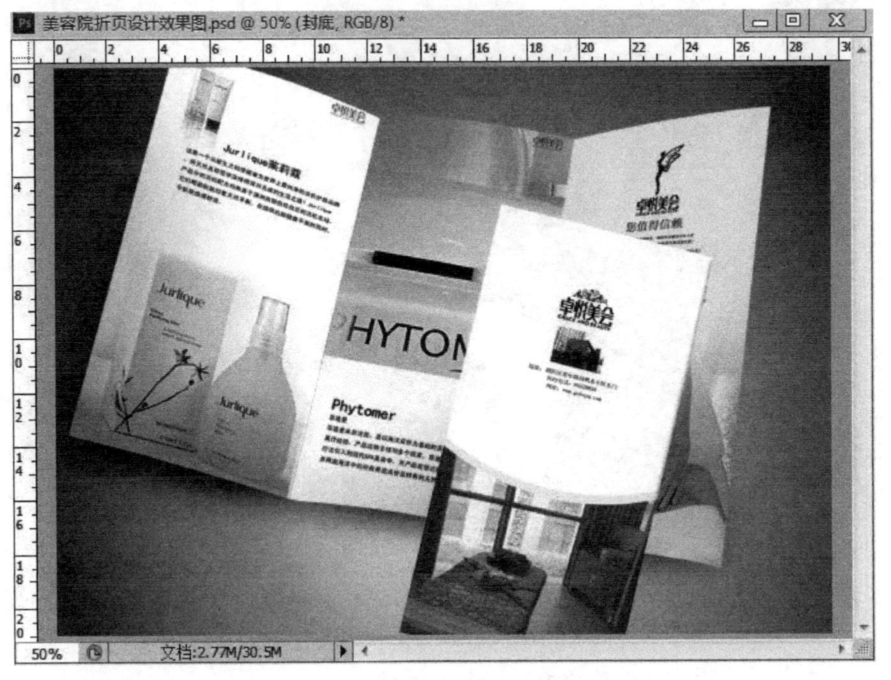

图4-41　封底效果

7）新建一个图层，重命名为“封底阴影”，选择“钢笔工具”，绘制一个与封底相同的矩形路径，按〈Ctrl+Shift〉组合键转换成选区，并填充黑色，然后将图层的“填充”设置为60%，图层样式选择“斜面与浮雕”，并进行适当的高斯模糊，让阴影的边缘变得柔和自然，如图4-42和图4-43所示。

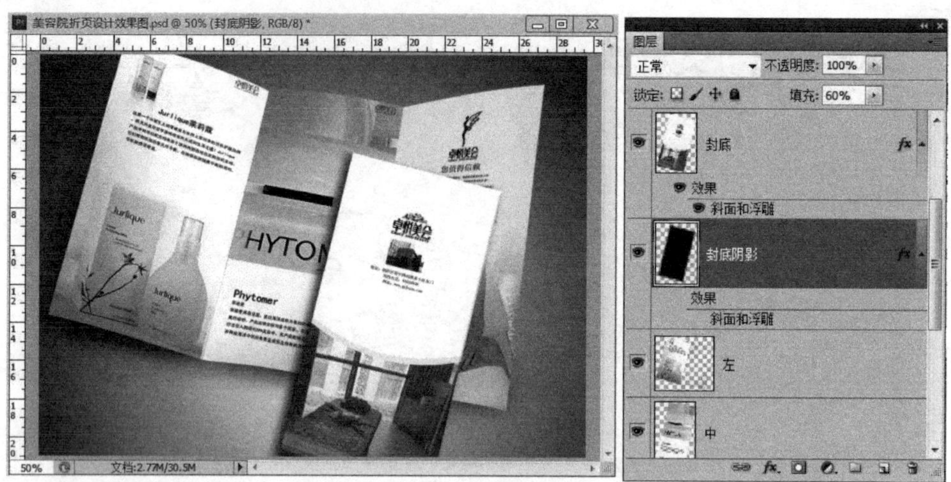

图4-42　添加阴影　　　　图4-43　阴影图层

8）最后采用相同的方法制作封面的效果。至此，本任务制作完成，如图4-44所示。

图4-44　最终完成图

本任务完成了美容院折页设计的效果图制作，主要通过效果图的制作来展示作品的特色。

知识技巧点拨

1）在使用“渐变工具”对图像进行线性和对称的渐变填充时，按鼠标左键拖动的方向和距离都会影响到填充效果。在进行渐变填充时，开始单击鼠标的位置将是渐变效果的中心点。

2）使用自由变换图像方法时，选取需要变换的图像，按<Ctrl+T>组合键，在图像四周将出现自由变换控制框，按<Ctrl>键拖动4个角上的任意一个控制点，都可以对图像进行扭曲处理，特别是在调整图像的透视角度时此方法非常实用。

任务4　设计灯饰店折页

任务描述

本任务将进行灯饰店折页设计。灯饰店经营很多灯饰产品，能照亮城市和家庭，在灯饰店折页设计中，要突出其经营范围、折页宣传目的等；折页封面采用蓝色主调，副页保持低调，所以采用了蓝白的色彩对比。本任务主要采用视觉冲击的表现手法，设计中强烈的色彩对比让人印象深刻。

任务分析

灯饰店折页效果如图4-45所示。右边封面的背景颜色为蓝色，主要突出温馨的色彩感觉，副页则通过适当的文字排版显示折页广告的宣传目的和内容。

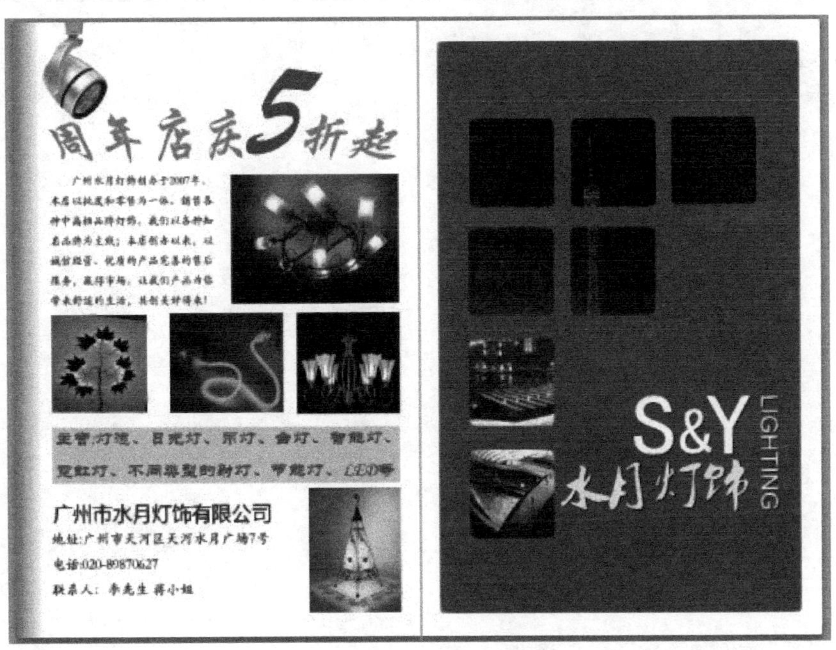

图4-45　灯饰店折页效果图

任务实施

1）启动Photoshop CS6，执行“文件”→“新建”命令，打开“新建”对话框，设置文件“名称”为“灯饰店折页设计”，设置“宽度”为“285毫米”，“高度”为

"210毫米"，"分辨率"为"300像素/英寸"，"颜色模式"为"8位RGB颜色"，单击"确定"按钮，创建一个新的图像文件，如图4-46所示。

2）执行"视图"→"新建参考线"命令，打开"新建参考线"对话框，其中"取向"设置为"垂直"，位置（P）：14.25厘米，单击"确定"按钮，如图4-47所示。

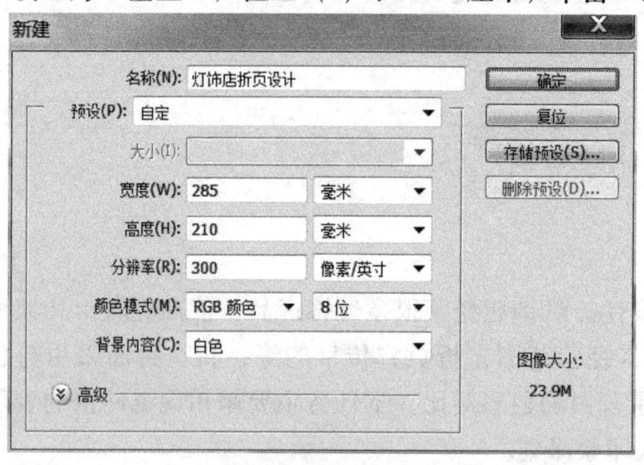

图4-46 新建文件

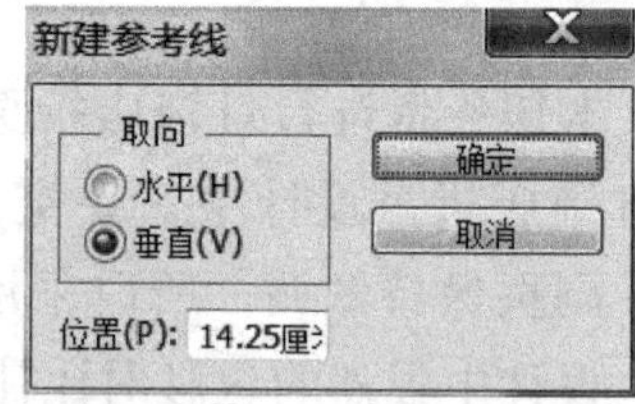

图4-47 新建参考线

3）新建一个图层，重命名为"背景1"，选择"矩形选择工具"，在该图层右边绘制一个矩形选区，如图4-48所示。

图4-48 绘制矩形选区

4）在选区上单击鼠标右键，在弹出的快捷菜单中，选择"调整边缘"命令，打开"调整边缘"对话框，把"平滑"调为"100"，单击"确定"按钮，如图4-49所示。

5）设置前景颜色为R：63、G：132、B：245，填充于矩形选区内，效果如图4-50所示。

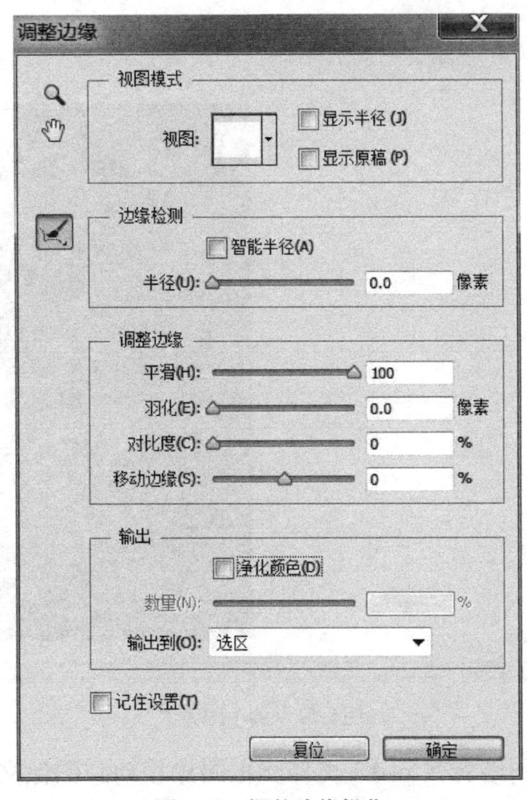

图4-49　调整边缘操作

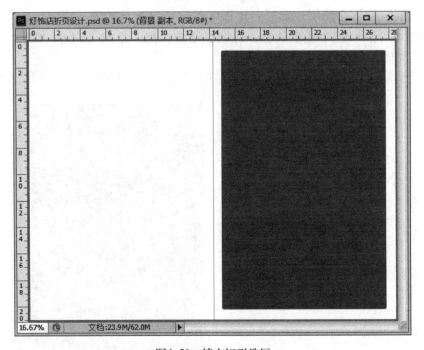

图4-50　填充矩形选区

6）打开素材“标志.psd”和“英文标志.psd”文件，把两个标志移动到图像文件中，分别重命名为“标志”和“英文标志”，按<Ctrl+T>组合键，缩小图像移动到合适位置，按<Enter>键结束，如图4-51所示。

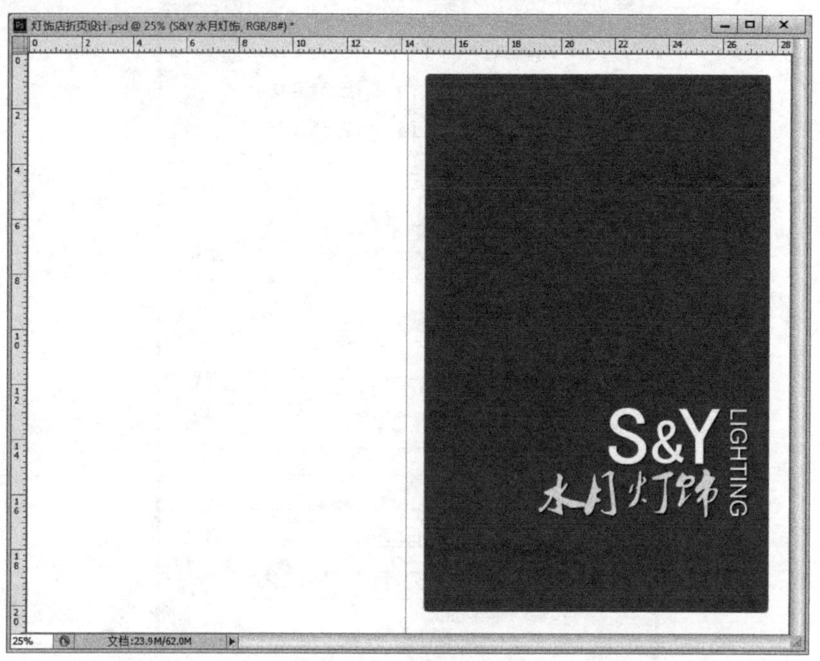

图4-51　缩小图像

7）打开素材“广州塔背景.psd”文件，把图片移动到图像文件中，重命名为“广州塔背景”，按<Ctrl+T>组合键，缩小图像移动到右方合适位置，按<Enter>键结束；先隐藏该图层，再新建图层，选择“矩形工具”，设置样式为“固定比例”，宽度和高度均为3cm，绘制出7个矩形选框，并调整边缘，把“平滑”调为100cm，单击“确定”按钮，如图4-52所示。

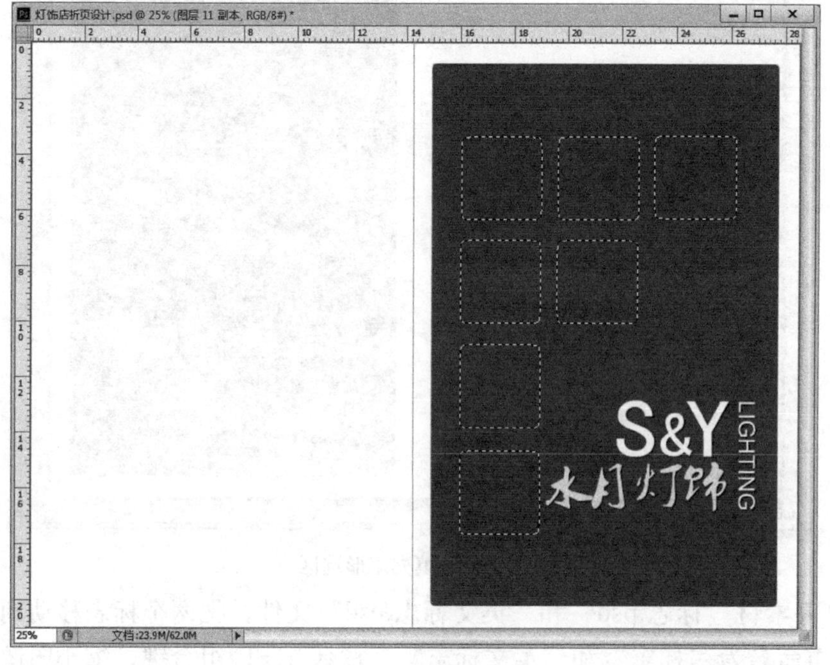

图4-52　添加矩形选框

8）在选区中单击鼠标右键，在弹出的快捷菜单中选择“选择反向”命令，选择“广州塔背景”图层，按<Delete>键删除多余的背景，效果如图4-53所示。

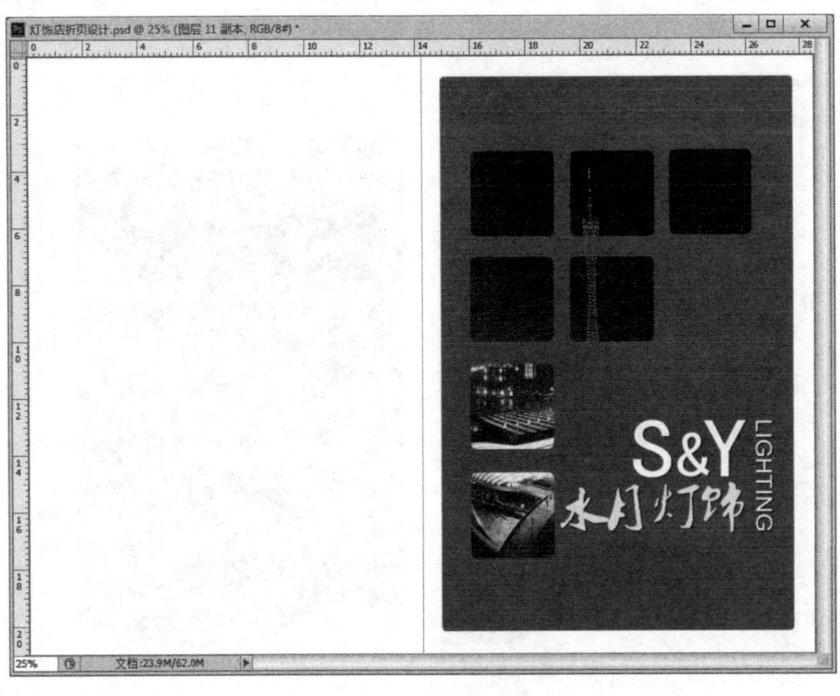

图4-53　设计效果图

9）新建一个图层重命名为“渐变”，选择“线性渐变工具”，打开线性渐变编辑器，预览选择“前景色到透明渐变”，左侧色标颜色为R：63、G：132、B：245，如图4-54所示。选择条纹图层并拉出渐变效果，如图4-55所示。

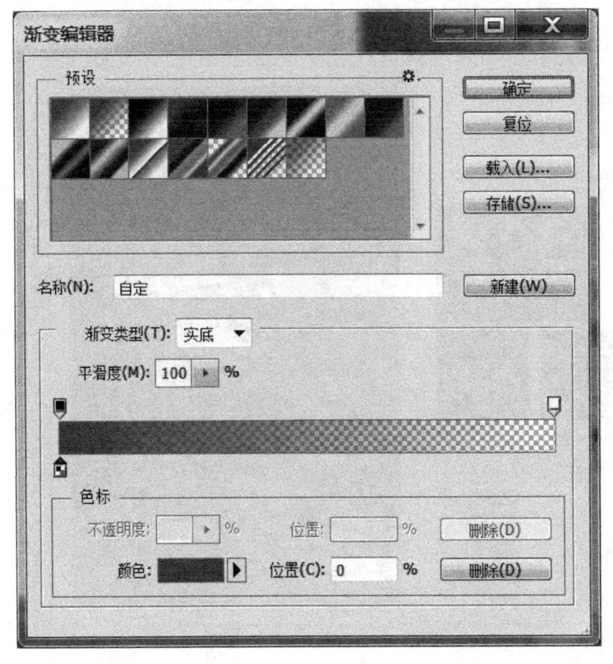

图4-54　设置线性渐变

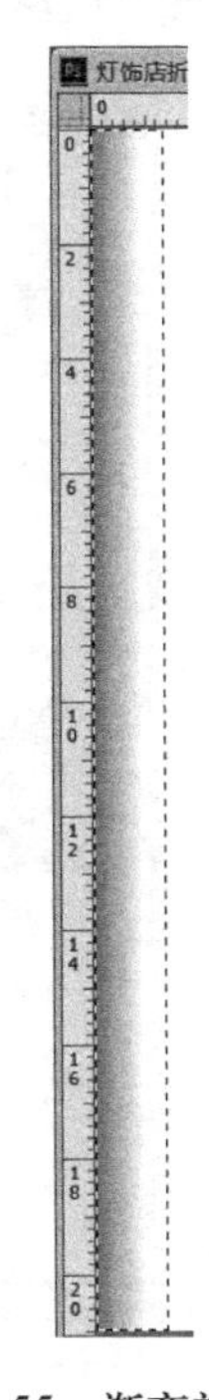

图4-55　渐变效果

10）打开本任务素材文件夹，选择“射灯.psd”和“灯饰1.psd”素材文件，并把素材图片移到“灯饰5.psd”图像文件中，分别重命名，按<Ctrl+T>组合键，缩小图像并移到右方合适位置，按<Enter>键结束，效果如图4-56所示。

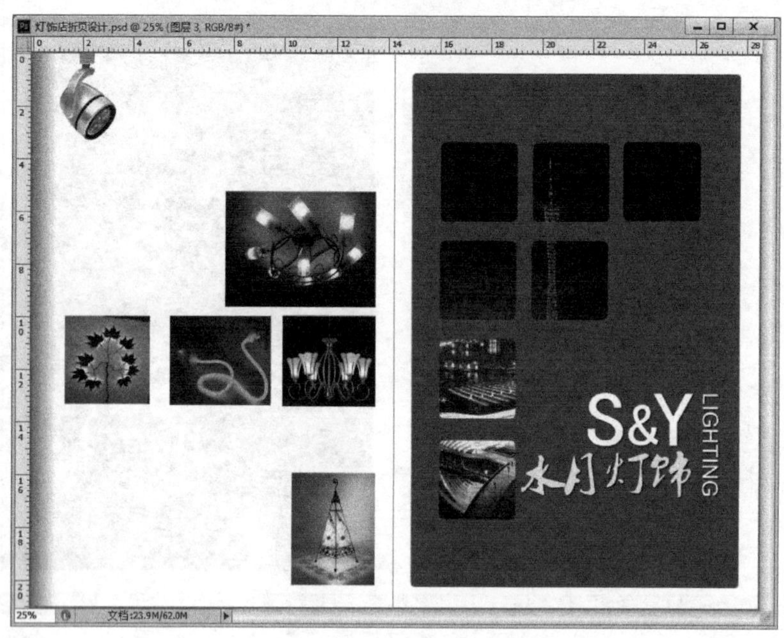

图4-56　调整图片位置

11）新建一个图层，重命名为“黄色矩形”，选择“矩形选择工具”，在该图层左边绘制一个矩形选区，并设置前景颜色为R：251、G：220、B：95，按<Alt+Delete>组合键填充于选区内，如图4-57所示。

图4-57　填充矩形选区效果

12）打开素材文本，将广告文字内容，分别用横排文字输出，参照效果如图4-58所示。至此，本任务制作完成。

图4-58　完成效果图

知识技巧点拨

1）本任务的设计排版可以借助参考线，使设计感觉整齐舒服。

2）广告文字素材在排版时，字体颜色、大小的选择和文字，位置的调整可以做到突出广告主题的效果。

◆ 任务拓展　设计啤酒宣传单

充分利用网络资源，参考一些优秀宣传单，为“喜力”啤酒设计产品宣传单。

任务描述

本任务绘制一款喜力啤酒宣传单，整幅设计采用绿色，色调统一，清新亮丽。

任务要求

在制作本任务宣传单时，把企业产品、标志和标准色应用到宣传单，考虑行业特征元素和用色。尺寸为A4，横向排版；整幅设计采用绿色，色调统一。

任务提示

1）在制作过程中，标志颜色采用不同程度的绿色，增加画面的层次和空间感。

2）注意图像的大小和分辨率的设置，使用矢量图绘制。

3）应用企业的标志、字体、标准色，让企业风格定位传达一致。

项目5

设计书籍封面

项目5

项目概述

书籍是人类传播各种知识和思想，积累人类文化的重要工具，是人类文明进步的阶梯。书籍的封面就是一本书的包装外衣，通过封面的设计可以让读者了解到书的内容和要点。图形、色彩和文字是封面设计的3大要素，把3者有机地结合起来进行设计，将会表现出书籍的丰富内涵，并以传递信息为目的和一种美感的形式呈现给读者。

学习目标

通过书籍封面设计项目制作学习，可以掌握几种工具在Photoshop中的综合应用：运用“钢笔工具”绘制图像路径，使用“文字工具”编排文字的应用，注意文字与画面的搭配，“图层蒙版工具”与色彩线性渐变的结合应用等。

任务1　设计小说图书封面

任务描述

一本书籍的封面设计具有非常重要的作用，封面最原始的功能是对书籍正文内容的保护，现阶段已经演变为更重要的作用即“广告宣传作用”，一个优秀的小说图书封面能唤起潜在的读者兴趣，促成他们的购买行为。本任务就来学习小说图书封面设计。

任务分析

本任务学习小说图书封面设计，主要使用图像、滤镜工具、去色、模糊等命令使调整后的素材具有现代小说风格，使用图层蒙版、曲线命令调整素材图片融合方式等。小说图书封面设计效果如图5-1所示。

图5-1　小说图书封面设计效果图

任务实施

1）启动Photoshop CS6，执行“文件”→“打开”命令，打开素材文件夹，选择

“天空素材.jpg”，如图5-2所示。

图5-2 打开素材

2）选中背景层并按<Ctrl+J>组合键，复制背景图层为“图层1”，选中“图层1”，执行“图像”→“调整”→“去色”命令，效果如图5-3所示。

图5-3 复制背景图层并去色

3）选中“图层1”并按<Ctrl+J>组合键，复制“图层1”为“图层1副本”，选中“图层1副本”，执行“图像”→“调整”→“反相”命令后更改图层混合模式为“颜色减淡”，如图5-4所示。

图5-4 反相后设置颜色减淡混合模式

4）选中“图层1副本”，执行“滤镜”→“其他”→“最小值”命令，半径设置为1px，如图5-5所示。

图5-5　设置最小值

5）选中“图层1副本”，执行“图层”→“图层样式”，打开“图层样式”对话框，在“混合选项”中选择混合模式为“颜色减淡”，如图5-6所示。

6）选择“图层1副本”并按<Ctrl+E>组合键执行盖印操作，将其和“图层1”合并成一个图层，此时拥有“图层1”和背景图层两个图层，如图5-7所示。

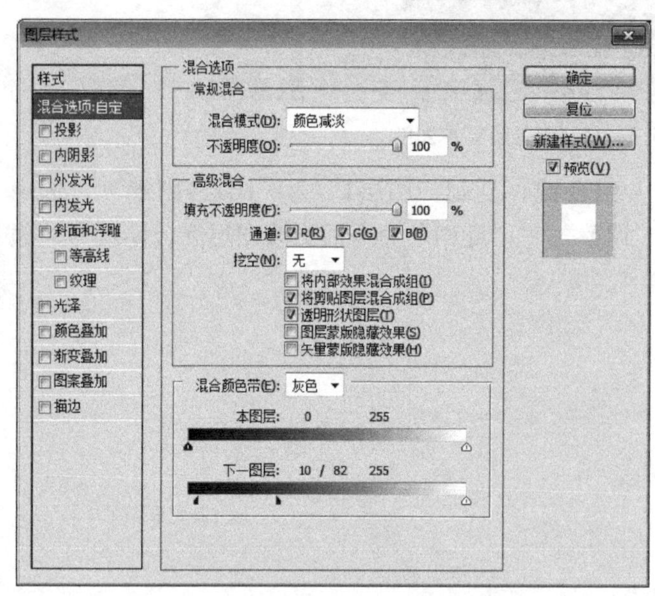

图5-6　图层样式参数设置

图5-7　现有图层

7）对现有的“图层1”按<Ctrl+J>组合键进行复制操作，执行“滤镜”→“模糊”→“高斯模糊”命令，半径调整为6.0像素，将图层混合模式改为线性加深，效果如图5-8所示。

图5-8　线性加深后的效果

8）复制背景图层，将背景副本调整到整个图层的最顶部，并将其图层混合模式改为“颜色”，如图5-9所示。

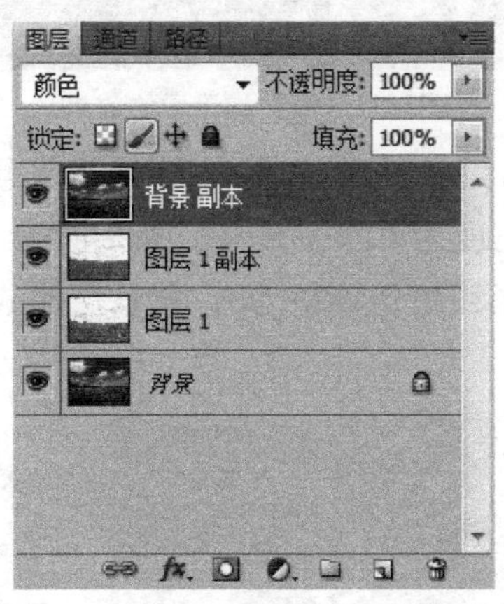

图5-9　复制背景图层将混合模式改为颜色

9）为背景副本图层添加黑色蒙版，并执行“图像”→“调整”→“曲线”命令，打开“曲线”对话框，设置其参数，改变图像的光度，如图5-10所示。

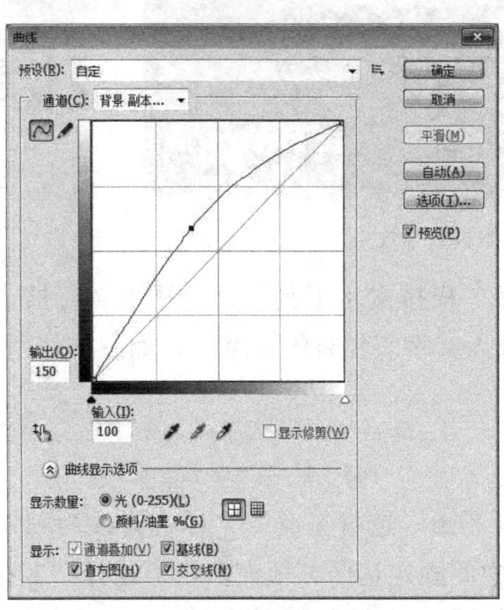

图5-10　曲线调整

10）新建“图层2”填充颜色R:255、G:236、B:209，并将其图层混合模式设置为线性加深，效果如图5-11所示。

图5-11　线性加深后的效果

11）在背景副本图层的黑色蒙版内用白色画笔进行涂抹，将画笔流量调整到50%，调整“图层1”的填充度为40%～50%，然后在背景图层执行“滤镜”→“模糊”→“高斯模糊”命令，半径数值调整为3，调整后的效果图如5-12所示。此时图层面板图如5-13所示。

图5-12　图层蒙版效果

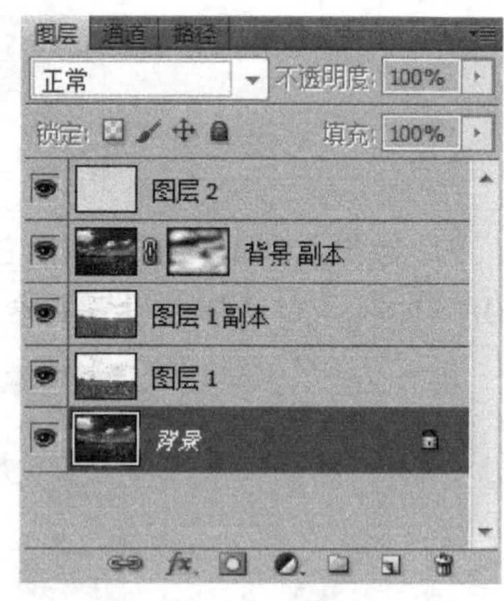

图5-13　图层面板

12）在工具箱内选择“横排文字工具”，选择华文行楷，72点，消除锯齿方法改为锐利，颜色13346b，输入文字“稻香的天空”，如图5-14所示。

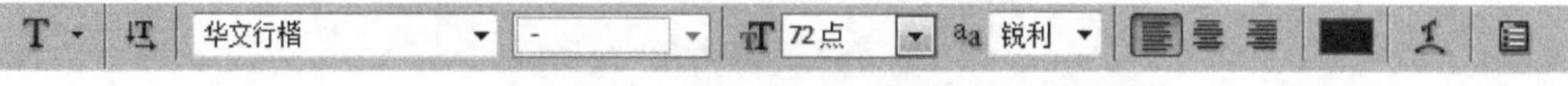

图5-14　文字参数设置

13）在工具箱中选择“矩形选框工具”，样式修改为固定大小，宽度为38像素、高度为736像素，在封面中间固定选区，填充白色，选择“竖排文字工具”，输入文字“稻香的天空，东方出版社”，如图5-15所示。

图5-15 封面设计

14）新建"图层3"，拖入素材"条形码.jpg"，移动到出版社旁边的位置，完成小说图书封面设计，最终效果如图5-16所示。

图5-16 小说图书封面最终效果图

知识技巧点拨

1）在步骤5）中可以多加尝试把混合颜色带的数值进行调整，调整此参数可以让绘画的线条更加清晰。

2）在步骤7）中需要按照自己图片的大小来设定高斯模糊的半径，步骤11）中的画笔涂抹建议使用水彩画笔。

任务2 设计宣传画册封面

■ 任务描述

宣传画册是现代生活中常见的商业、公益等宣传手段，宣传画册封面设计是表达如图画般美丽的意境。本任务就来学习宣传画册封面设计，通过天空般自由的蓝色来衬托充满设计元素的宣传画册封面，展现一种自由的艺术气息。

◆ 任务分析

本任务学习制作宣传画册封面设计，主要使用“渐变工具”“选择工具”等，最后效果如图5-17所示。

图5-17　宣传画册封面效果图

◆ 任务实施

1）启动Photoshop CS6，执行“文件”→“新建”命令，打开“新建”对话框，设置文件“名称”为“宣传画册封面设计”，设置“预设”为“国际标准纸张”，“大小”为“A4”，“分辨率”为“300像素/英寸”，“颜色模式”为“8位RGB颜色”，单击“确定”按钮，创建一个新的图像文件，如图5-18所示。

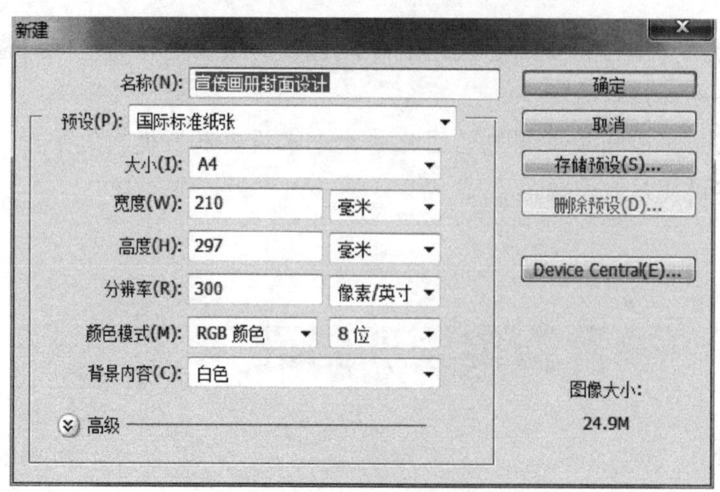

图5-18　新建文件

2）打开素材文件“纹理.psd”，将素材移动到图像文件中，按<Ctrl+T>组合键，缩小和移动图像到适当位置，按<Enter>键结束，图层重命名为“纹理”，效果如图5-19所示。

图5-19　导入素材

3）选择“椭圆选框工具”，然后在状态栏设置为“添加到选区”，分别绘制四个椭圆选区，效果如图5-20所示。

图5-20　选区效果

4）选择“矩形选框工具”，然后在状态栏设置为“添加到选区”，再添加绘制一个矩形选区，效果如图5-21所示。

图5-21　整体选区效果

5）选择选区并单击鼠标右键，在弹出的快捷菜单中选择“选择反向”，得到选区并按<Delete>键删除多余纹理，得到如图5-22所示的结果。

图5-22　纹理效果图

6）打开素材“素材1.psd”文件，把天空图片移动到图像文件中，重命名为“天空”，图层置于图层“纹理”后面，按<Ctrl+T>组合键，缩小图像移动到合适位置，按<Enter>键结束，如图5-23所示。

7）打开素材“素材2.psd”文件，图片移动到图像文件中，重命名为“校园”，再按<Ctrl+T>组合键，缩小图像移动到合适位置，按<Enter>键结束，如图5-24所示。

图5-23　置入素材1

图5-24　置入素材2

8）用“矩形选框工具”，然后在状态栏上设置为“新选区”，羽化值设置为100像素，选择图层“校园”的上半部分，并按<Delete>键，如图5-25和图5-26所示。

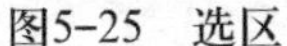
图5-25　选区

图5-26　删除后的效果

9）选择“竖排文字工具”，输入画册标题文字内容“学校宣传画册”，文字颜色设置为黄色（R：251、G：220、B：95）；选择“横排文字工具”，在下方输入“学校办公室制”，文字颜色为白色，图层样式均设置为“投影”，如图5-27所示。

图5-27　加入文字

10）打开素材文件“素材3.psd”“素材4.psd”，选择“椭圆选框工具”，在状态栏设置羽化值为“5像素”，分别把校园图片素材截取到图像文件中，移动图像到适当位置。至此，本任务制作完成，效果如图5-28所示。

项目5

图5-28 最终完成效果图

知识技巧点拨

1）在对纹理进行造型截取时，要注意使用“椭圆选框工具”的时候选择设置为“添加到选区”，这样才能把几个选区合为一个整体。

2）在图层比较多时，要注意图层的重命名和控制好图层的顺序，这样能更好地控制整个设计的节奏。

任务3 设计中学生优秀作文封面

■ 任务描述

封面是各种文章杂志的首页，是书的外貌，它既体现书的内容、性质，同时又给读者以美的享受，并且还起到保护书籍的作用。封面设计包括书名、编著者名、出版社名等文字和装饰形象、色彩及构图。如何使封面体现书籍的内容、性质、体裁，如何使封面起到感应人的心理、启迪人的思维的作用，是封面设计中最重要的一环。

◆ 任务分析

本任务学习制作中学生作文期刊的封面设计（包括封底），分为两个部分，其中右边是封面，为主要设计部分，利用了图片缩放处理、蒙版工具、渐变填充、图层样式、文字工具等综合技术。效果如图5-29所示。

图5-29　封面设计效果图

◆ 任务实施

1）新建一个宽和高都是39cm×27cm大小的文件，分辨率为“300像素/英寸”，颜色模式为“RGB”的文件。按〈Ctrl+R〉组合键显示标尺，把画布平分成一半，将“hua4.jpg”拉入再放到右边一半的画布中。复制该图层并使用“图层剪贴蒙版”，然后使用渐变填充工具，从上往下拉进行渐变填充，如图5-30所示。

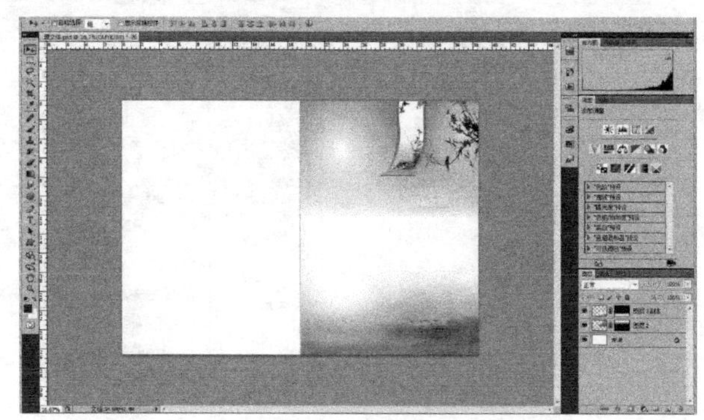

图5-30　效果图

2）新建一个图层，使用“渐变工具”选择对称渐变，效果如图5-31所示。

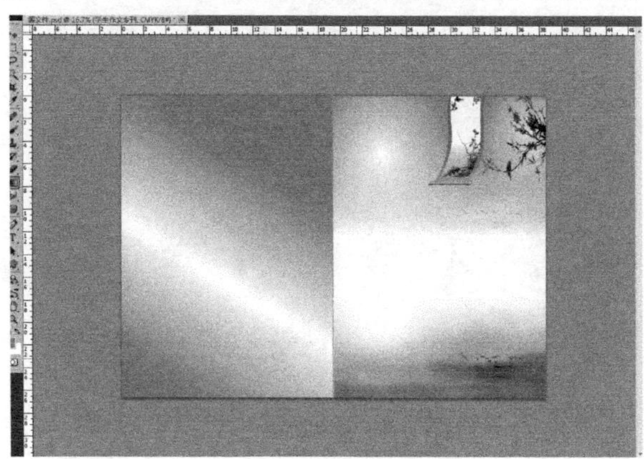

图5-31　渐变后的效果图

3）把素材图片“hua1.jpeg”“hua2.jpeg”“hua3.jpeg”放入图层，利用“缩放工具”调整好大小，位置按照图5-32所示进行摆放。

图5-32　摆放好素材

4）新建一个图层，输入文字“新蕾”，字体设为“华文琥珀”，大小为“140点”。栅格化文字，双击图层打开图层样式，设置如图5-33、图5-34所示。然后再把素材图片“fy.jpg”除去白色背景，放入新的图层，利用“缩放工具”，调到适当大小，分别放在文字的上方。效果如图5-35所示。

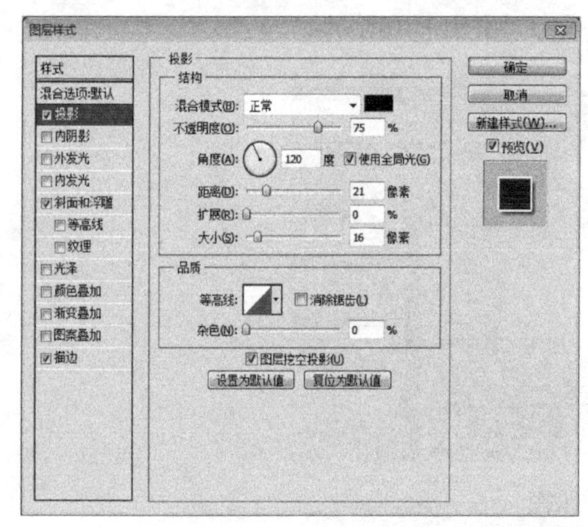

图5-33　设置图层投影

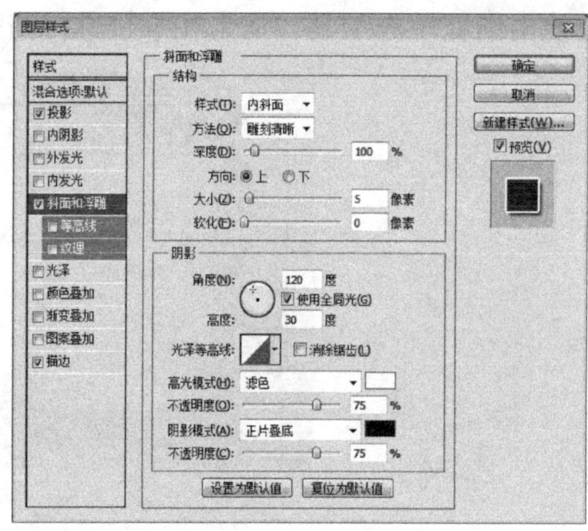

图5-34　设置图层斜面和浮雕

图5-35　图片摆放效果图

5）添加文字“第3期”“学生作文稿专刊”“XUESHENGZUOWENZHUANKAN”，效果如图5-36所示。

图5-36　图片最终效果

知识技巧点拨

1）图层蒙版的建立与应用，利用渐变色填充能产生一种自然的过游效果；图层样式能给文字做出亮丽夺目、突出主题的效果。

2）在封面设计过程中，相关围绕主题的图片素材的收集和能表达主题的刊目文字非常重要，封面内容要素应齐全，整个构图尽量做到和谐与统一。

◆ 任务拓展　设计房产项目封面

根据文件夹提供的素材设计一个关于“房地产项目”的画册封面设计。

任务描述

搜索一些你所在的城市的主要房地产公司的项目的图片素材，制作一个宣传该项目的画册封面设计，以提高该房产项目知名度和宣传效果。

任务要求

在制作画册封面设计的过程中，要注意封面的相关文字和图片元素的结合，版面应整洁美观，信息排列合理而有序、不紊乱，能突出宣传作用。

任务提示

1）在制作过程中，可以先确定好背景，通常背景采用渐变色或者是图片。

2）注意图像的大小和分辨率的设置。

3）适当采用图层蒙版和字体特效，在图片的融合和信息的突出中起到合适的作用。

项目6

设计产品包装

项目描述

包装是指产品诞生后为保护产品的完好无损而采用的保护层，以便于在运输、装卸、库存以及销售的过程中，通过使用合理、有效、经济的保护层保护产品，从而避免产品损坏而失去它原有的价值。所以包装强调结构的科学性、实用性。本项目将介绍两种包装创意设计制作的过程。

学习目标

项目6

通过产品包装设计的项目制作学习，主要掌握几种工具在Photoshop中的综合应用：在制作过程中应用到Photoshop中的“变换工具”“渐变工具”“自定义形状工具”“文字工具”“钢笔工具”等并通过合理的布局设计，以及图层混合模式、复制图层、降低不透明度等达到理想效果。

任务1 比萨包装——设计包装盒

任务描述

本任务需要制作产品包装设计中经常见到的食品包装——比萨包装盒的设计。洛客比萨是一家以经营比萨为主的西式高档餐厅同时还经营各种西式配餐，包括：意大利肉酱面类、饭类、沙拉类、汤类、各种休闲食品、慕斯甜点、冷热饮、冰淇淋、酒类（啤酒和红酒）等。所以如何体现它的品味和价值是广告制作前期应该思考和定位的。本任务主要采用情感的表现手法，通过鲜红的背景烘托温暖的气氛，比萨的特写表现诱人的品质，用鲜艳的色彩对比来增加视觉冲击力。

图6-1 比萨包装盒效果图

任务分析

比萨包装盒效果如图6-1所示，突出产品的吸引力，包装的设计显档次，给人以高贵的感觉，主题背景颜色为暖色调，突出鲜艳的色彩对比，用来增加视觉冲击力。

任务实施

1）启动Photoshop CS6，执行“文件”→“新建”命令，打开“新建”对话框，设置文件“名称”为“比萨盒包装平面图”，设置“宽度”为“29.7厘米”，“高度”为“21厘米”，“分辨率”为“300像素/英寸”，“颜色模式”为“8位RGB颜色”，单击“确定”按钮，创建一个新的图像文件，如图6-2所示。

2）在图像窗口中按<Ctrl+R>组合键显示标尺，执行“视图”→“新建参考线”命令，分别在图像窗口的7厘米和23厘米处的垂直位置以及3厘米和17厘米处的水平位置创建辅助线，效果如图6-3所示。

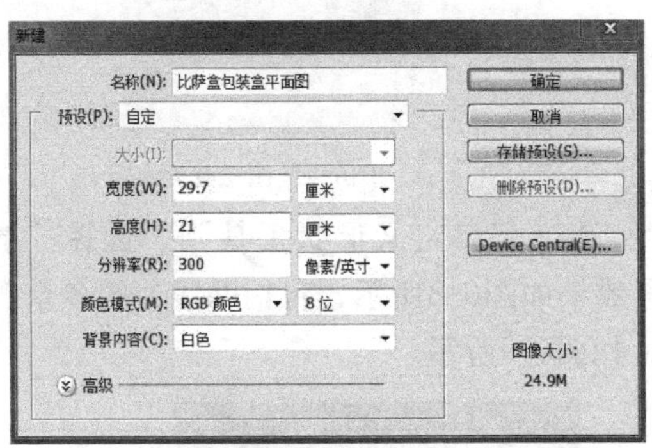

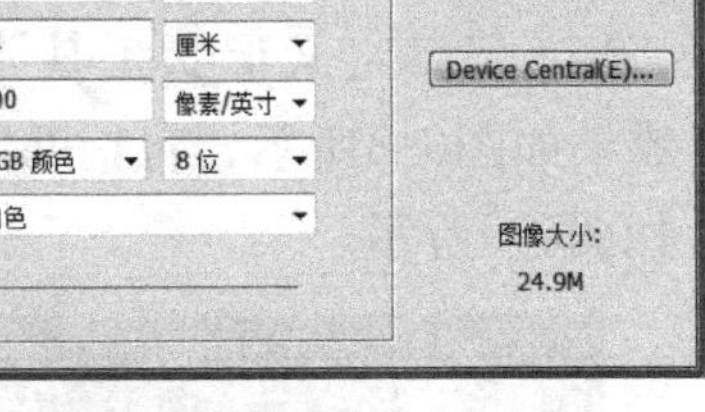

图6-2　新建文件

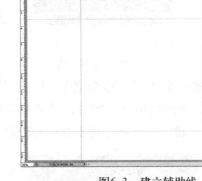

图6-3　建立辅助线

3）新建一个图层，重命名为“背景色”，选择“矩形选择工具”，在辅助线内绘制一个条形矩形选区，选择“线性渐变工具”，左色标颜色设为R：255、G：0、B：0，右色标颜色设为R：90、G：0、B：0，径向渐变填充背景色，如图6-4和图6-5所示。

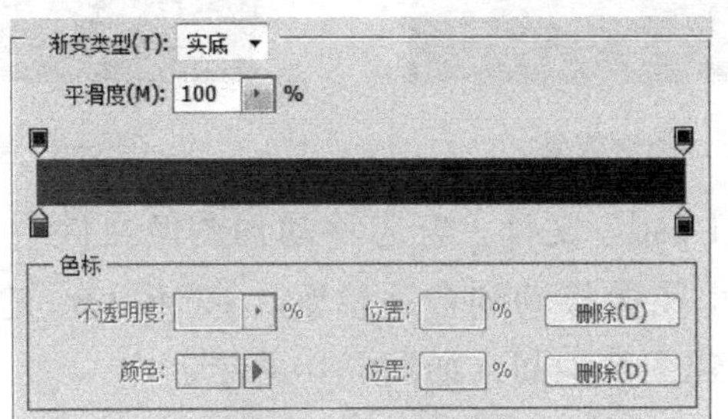

图6-4　线性渐变

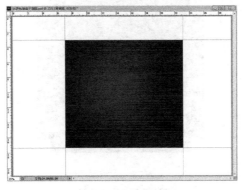

图6-5　渐变填充

4）选择“矩形选框工具”，分别在上下左右四方建立选区，填充效果如图6-6和图6-7所示。

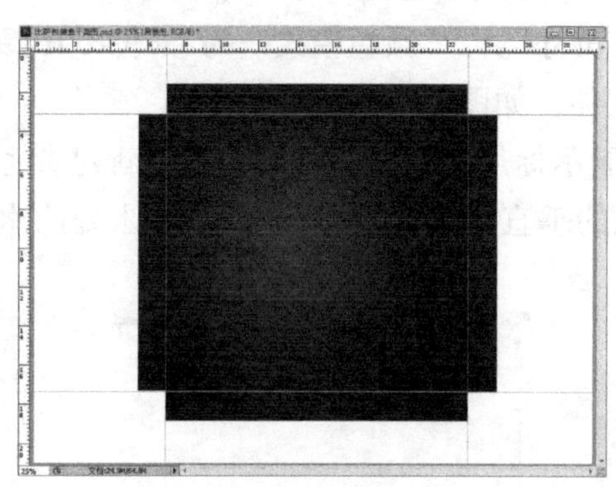

图6-6　绘制四边

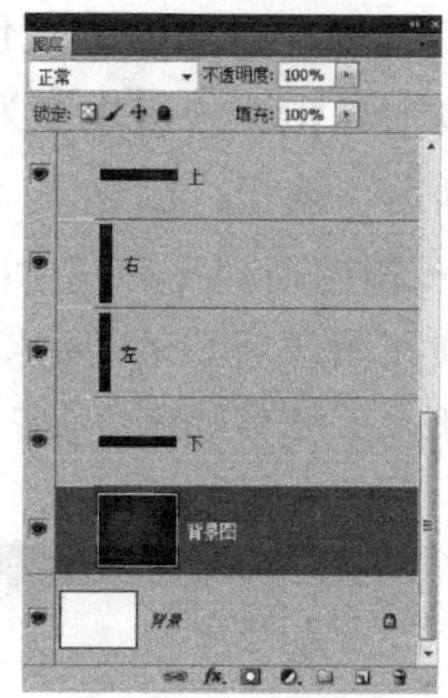

图6-7　图层显示

5）新建一个图层，重命名为“发散”，选择“自定义形状工具”，选择“形状”，在图像中拉出图形，并填充色彩效果如图6-8所示，将辅助线外的多余图形删除，然后建立图层蒙版将发散中心隐藏，如图6-9所示。

图6-8　图形效果

图6-9　蒙版效果

6）打开素材“标志1.psd”文件，标志移动到图像文件中，重命名为“标志1”，按<Ctrl+T>组合键，缩小图像移动到合适位置，按<Enter>键结束，打开素材“产品.jpg”将完整的比萨抠取到图像中间，如图6-10所示。

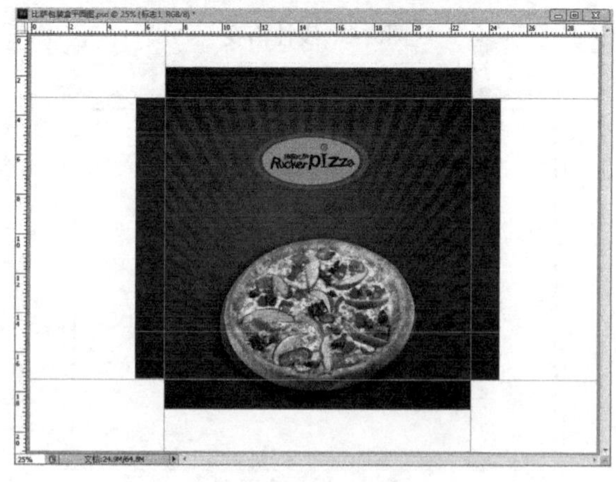

图6-10　添加素材

7）打开素材“雾气效果.psd”文件，把图形移动到图像文件中，重命名为“雾气”，按<Ctrl+T>组合键，缩小图像移动到合适位置，按<Enter>键结束，如图6-11所示。

图6-11　添加效果

8）选择“横排文字工具”，输入广告宣传语“好吃就给力！”，参数设置如图6-12所示。移动到靠左侧的位置，至此平面图完成，如图6-13所示。

9）执行“文件”→“新建”命令，打开“新建”对话框，设置文件“名称”为“任务1比萨包装盒”，设置“宽度”为“29.7厘米”，“高度”为“21厘米”，“分辨率”为“300像素/英寸”，“颜色模式”为“8位RGB颜色”，单击“确定”按钮，创建一个新的图像文件，导入素材“背景.jpg”，如图6-14所示。

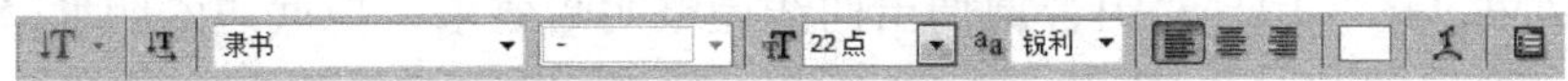

图6-12　文字属性

图6-13　文字效果

图6-14　导入背景

10）把完成的平面图导入“任务1比萨盒包装”图像中，建立一个图层文件夹并命名为“平面图”，如图6-15和图6-16所示。

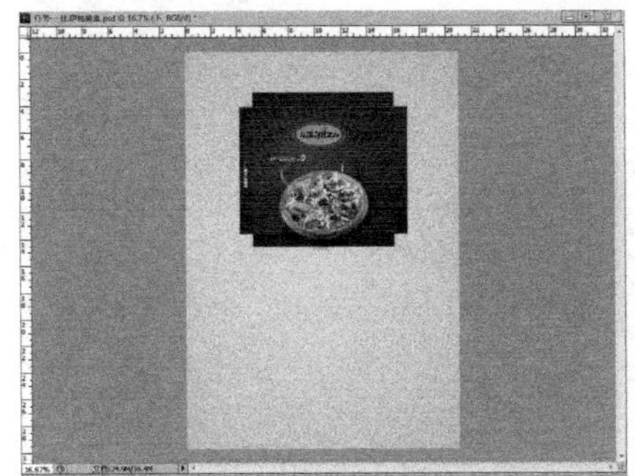
图6-15　导入平面图

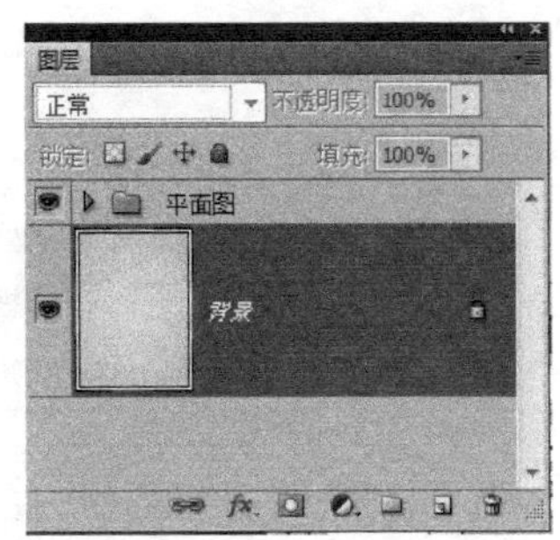

图6-16　建立图层文件夹

设计产品包装

11）新建一个图层文件夹并命名为“立体图”，选择“矩形选择工具”，选择平面图中的正面，将图形复制到“立体图”文件夹中，图层重命名为“正面”，按<Ctrl+T>组合键，调整图像的透视效果，按<Enter>键结束，如图6-17和图6-18所示。

图6-17　选择图像

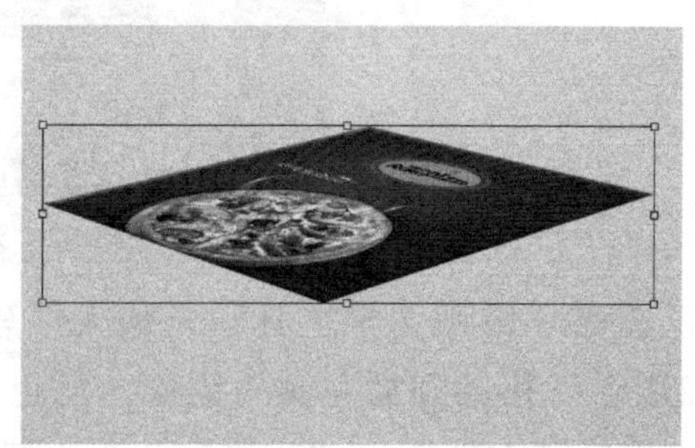

图6-18　调整透视效果

12）选择“矩形选择工具”，选择平面图中的底边，将图形复制到“立体图”文件夹中，图层重命名为“底边”，按<Ctrl+T>组合键，调整图像的透视效果，按<Enter>键结束，按<Ctrl+M>组合键调出曲线调整明暗效果，把底边的明度降低，增强立体感，如图6-19和图6-20所示。

图6-19　效果图

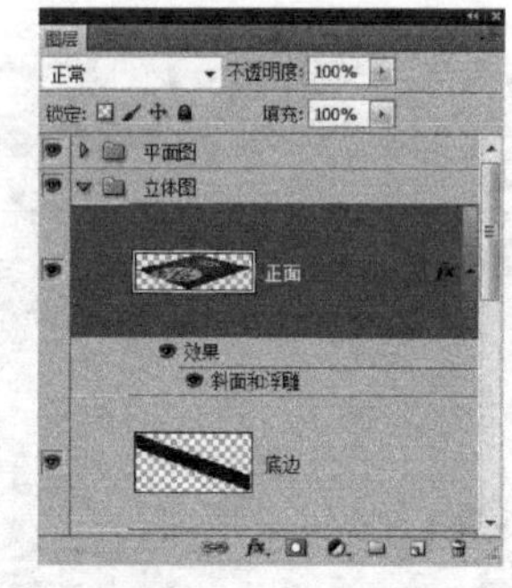

图6-20　图层效果

13）选择“矩形选择工具”，选择平面图中的右边，将图形复制到“立体图”文件夹中，图层重命名为“右边”，按<Ctrl+T>组合键，调整图像的透视效果，按<Enter>键结束，按<Ctrl+M>组合键调出曲线调整明暗效果，把右边的明度轻微降低，如图6-21所示。

图6-21　效果图

14）选择“钢笔工具”，在立体图下方绘制图形，如图6-22所示，按〈Ctrl+Enter〉组合键建立选区并填充黑色，然后进行适当的高斯模糊设置，使边缘产生柔和效果，图层重命名为“阴影”，如图6-23所示。

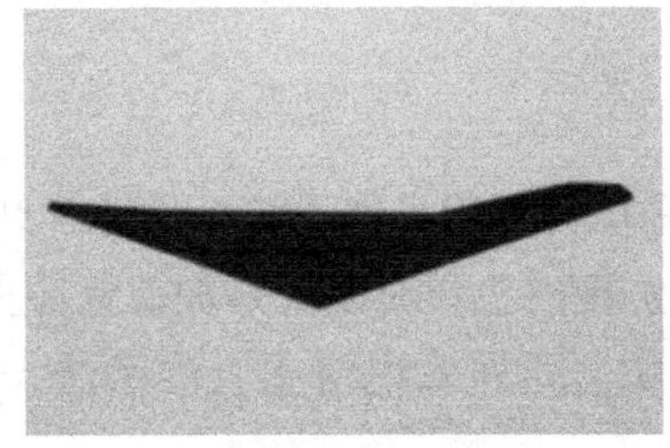

图6-22　填充选区

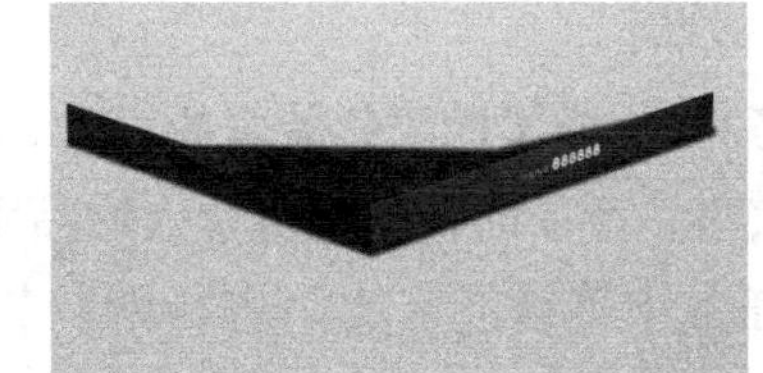

图6-23　阴影效果

15）最后给立体图制作倒影效果，分别复制底边和右边图层，然后进行翻转，再添加图层蒙版进行半透明渐变，重命名为“倒影”，最终效果如图6-24所示。

图6-24　效果图

知识技巧点拨

1）在使用“渐变工具”对图像进行线性和对称的渐变填充时，进行线性渐变的方向和距离都会影响到填充效果。在进行渐变填充时，鼠标箭头的位置将是渐变效果的中心点。

2）自由变换图像，选取需要变换的图像，按〈Ctrl+T〉组合键，在图像四周将出现自由变换控制框，按〈Ctrl〉键拖动4个角上的任意一个控制点，都可以对图像进行扭曲处理，特别是调整图像的透视角度非常实用。

3）“吸管工具”用于吸取图像中的颜色，吸取的颜色将显示在前景色或背景色中。选取“吸管工具”，在图像中需要的颜色上单击鼠标左键，即可吸取出新的前景色，按〈Alt〉键的同时单击鼠标左键，可选取出新的背景色。

项目6

任务2　比萨包装——设计购物袋 <<<

■ 任务描述

在任务1中完成了比萨包装盒的设计，主要采用情感的表现手法，通过鲜红的背景烘托温暖的气氛，产品的特写表现诱人的品质，用鲜艳的色彩对比来增加视觉冲击力。

在本任务中将给洛客比萨进行购物袋的设计，同样采用情感表现手法，用跳跃的黄色来呼应比萨包装盒的鲜红色调设计。

◆ 任务分析

本任务制作洛克比萨的购物袋，使用的工具并不多，用“渐变色工具”设置背景的渐变色彩，设置产品的图像抠图，图层样式。使用“文字工具”制作广告语，以及将蒙版“涂抹工具”“钢笔工具”结合使用制作倒影等，最后效果如图6-25所示。

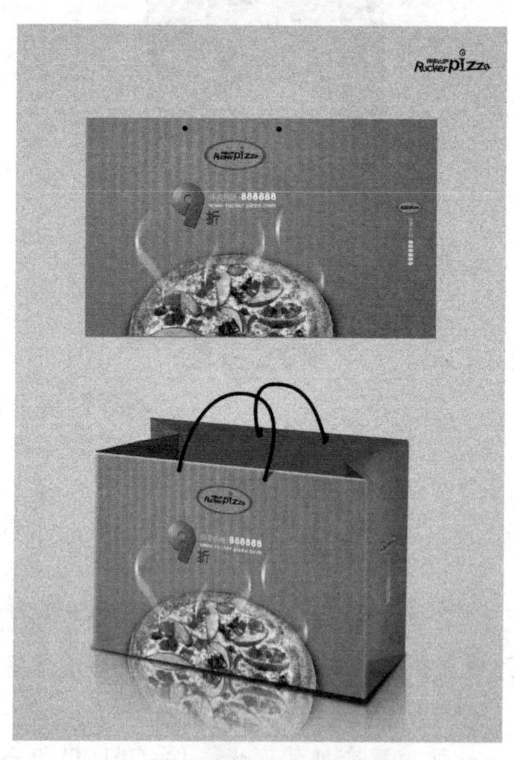

图6-25　比萨购物袋设计效果图

◆ 任务实施

1）启动Photoshop CS6，执行“文件”→“新建”命令，打开“新建”对话框，设置文件“名称”为“比萨购物袋平面图”，设置“宽度”为“29厘米”，“高度”为“18厘米”，“分辨率”为“300像素/英寸”，“颜色模式”为“8位RGB颜色”，单击“确定”按钮，创建一个新的图像文件，如图6-26所示。

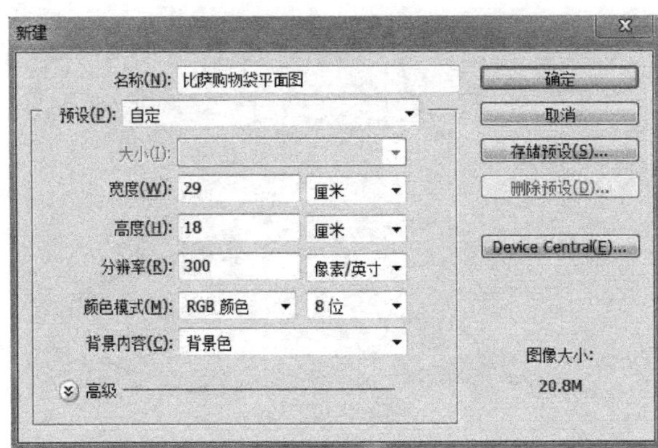

图6-26　新建文件

2）选择前景色（R：255、G：200、B：30），背景色（R：255、G：130、B：0），线性渐变方式为“径向渐变”，在背景图层填充放射性渐变，最后在图像垂直位置“25厘米”处建立参考线，如图6-27和图6-28所示

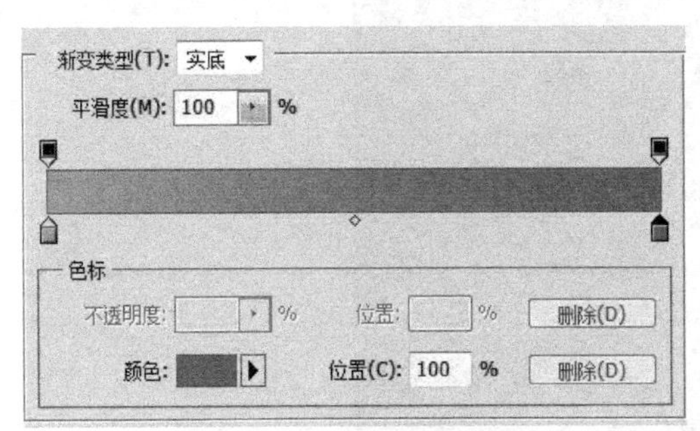

图6-27　设置色标颜色

图6-28　放射性填充背景

3）打开素材文件“产品.jpg”，将素材中的比萨抠取到图像文件中，按<Ctrl+T>组合键，缩小和移动图像到底部位置，按<Enter>键结束，然后打开素材文件“雾气效果.jpg”，添加到产品图层上面，按<Ctrl+E>组合键合并产品和雾气图层，如图6-29所示。

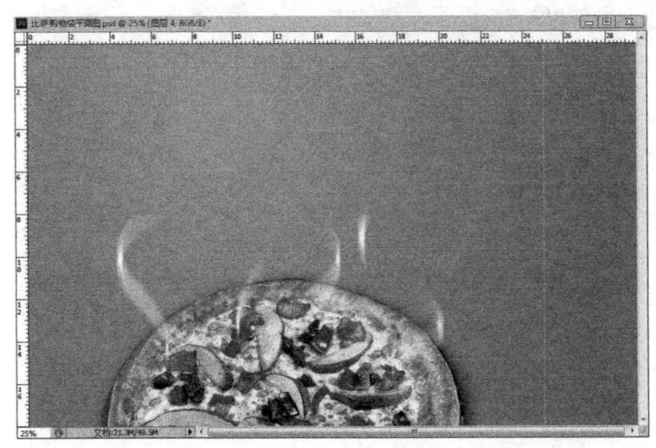
图6-29　导入素材

4）打开素材文件“条纹.psd”，用“选择工具”选择条纹图层，移动到图像中，

并拖动到“产品”图层的下面，效果如图6-30所示。

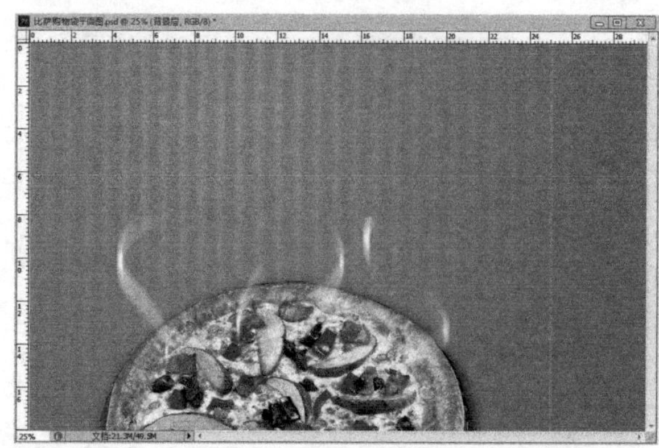

图6-30　添加条纹效果

5）打开素材文件“标志1.psd”，用“选择工具”把标志移动到图像文件中，移动图像到画面中间位置并缩小，重命名为“中间标志”，按<Alt>键拖动标志复制一个标志，移动到画面的右侧，重命名为“右侧标志”，效果如图6-31所示。

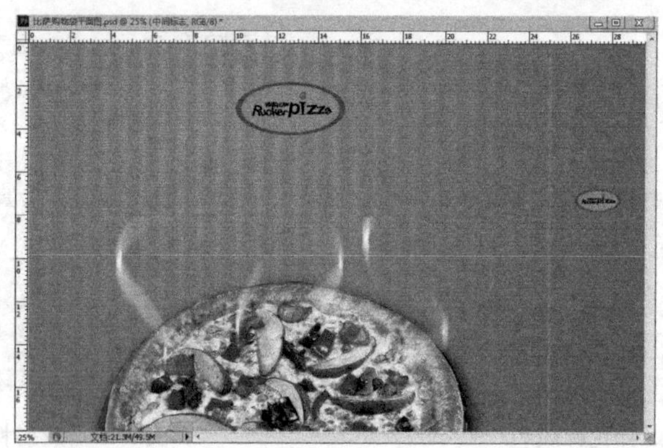

图6-31　添加标志

6）选择“横排文字工具”，输入打折广告语“9折”，字体属性设置如图6-32所示，然后添加图层样式，详细参数设定如图6-33、图6-34所示，字体效果如图6-35所示。

图6-32　字体属性

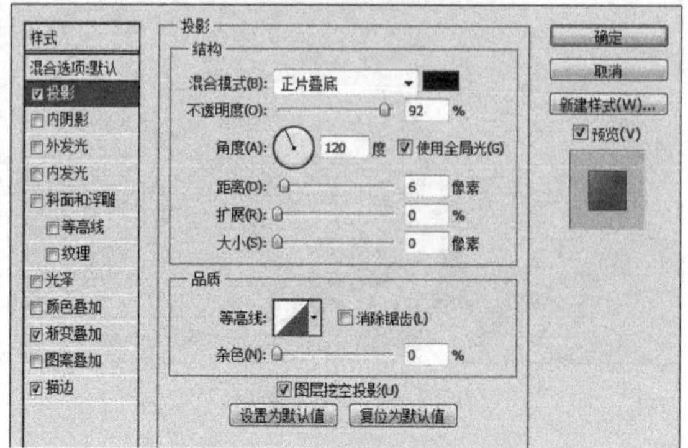

图6-33　投影设置

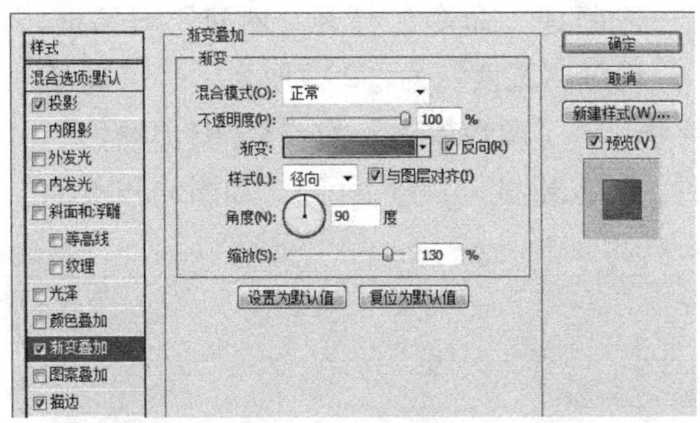

图6-34　渐变叠加设置

图6-35　字体效果

7）选择“竖排文字工具”，输入广告文字内容，如图6-36和图6-37所示。

图6-36　文字内容

图6-37　效果图

8）最后给中间标志上方绘制打孔图形，至此，平面图部分制作完成，如图6-38所示。

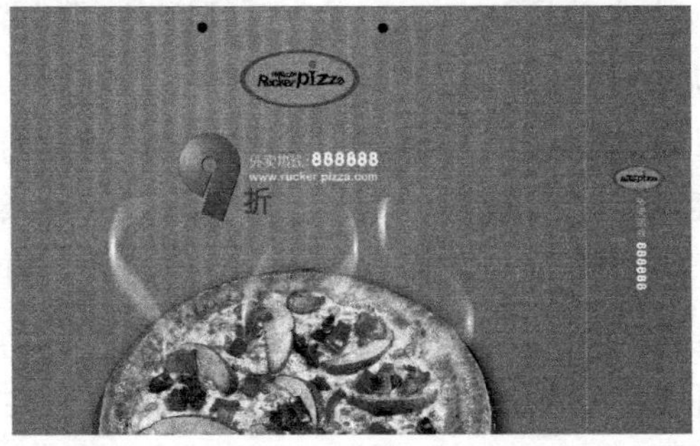

图6-38　完成图

9）执行“文件”→“新建”命令，打开“新建”对话框，设置文件“名称”为“任务2比萨购物袋”，设置“宽度”为“29.7厘米”，“高度”为“21厘米”，“分辨率”为“300像素/英寸”，“颜色模式”为“8位RGB颜色”，单击“确定”按钮，创建一个新的图像文件，导入素材“背景.jpg”，如图6-39所示。

图6-39　导入素材文件

10）把完成的平面图导入“任务2比萨购物袋”图像中，建立图层文件夹并命名为“平面图”，如图6-40和图6-41所示。

图6-40　导入平面图

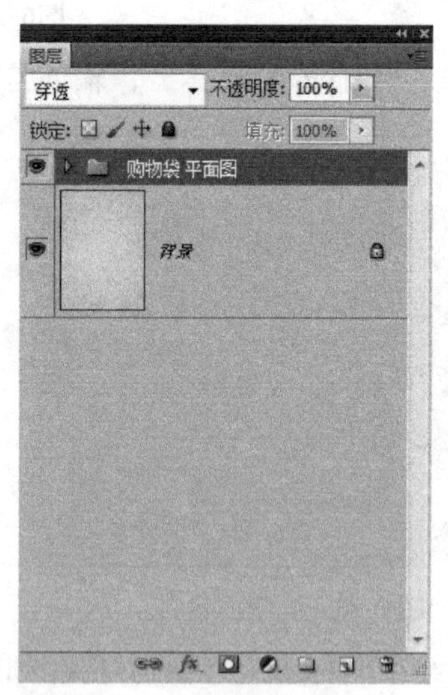

图6-41　建立图层文件夹

11）新建立一个图层文件夹并命名为“立体图”，选择“矩形选择工具”，选择平面图中的正面，将图形复制到“立体图”文件夹中，图层重命名为“正面”，按<Ctrl+T>组合键，调整图像的透视效果，按<Enter>键结束，如图6-42和图6-43所示。

12）选择“矩形选择工具”，选择平面图中的右侧，将图形复制到“立体图”文件夹中，图层重命名为“侧面”，按<Ctrl+T>组合键，调整图像的透视效果，按<Enter>键结束，按<Ctrl+M>组合键调出“曲线”调整明暗效果，用“钢笔工具”绘制折角边增强立体感，如图6-44所示。

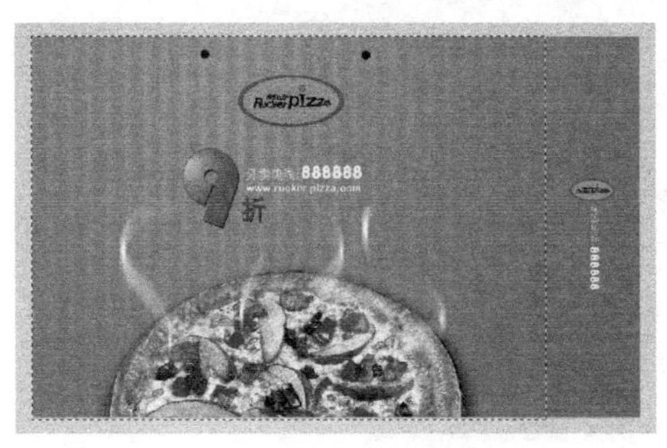

图6-42　选择图像

图6-43　调整透视

图6-44　侧面效果

13）选择“钢笔工具”，在立体图下方绘制图形，如图6-45所示，按〈Ctrl+Enter〉组合键建立选区并填充黑色，然后进行适当的高斯模糊设置，使得边缘产生柔和效果，图层重命名“阴影”，如图6-46所示。

图6-45　填充选区

图6-46　建立阴影

14）制作倒影效果，分别复制正面和侧面图层，合并后进行垂直翻转，再添加图层蒙版进行半透明渐变，重命名为“倒影”，效果如图6-47和图6-48所示。

15）给购物袋添加绳子，然后用“钢笔工具”绘制内折面的图形，需要注意折面的阴影变化，在明度上体现出来，最终效果如图6-49所示。

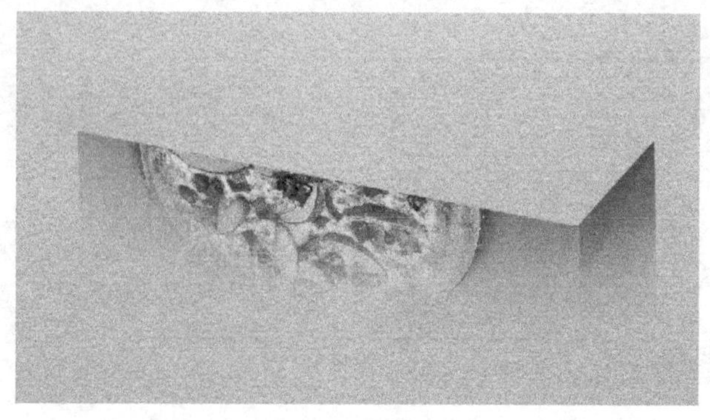

图6-47　制作倒影

图6-48　倒影效果

图6-49　最终效果

知识技巧点拨

1）一般阴影的制作方法都是用“钢笔工具”制作阴影部分的路径，按〈Ctrl+Enter〉组合键将路径转换为选区，然后羽化选区，最后再填充颜色。

2）倒影的制作方法常采用复制图像倒影的立面，进行垂直翻转，翻转之后添加图层蒙版进行线性透明，这样做的效果比较自然真实。

3）立体图的制作一定要注意光线、阴影、倒影之间的细节，注意每个转折面的明度变化，可通过曲线等工具进行快捷的明度调节达到理想效果。

任务3　设计话梅包装盒 <<<

任务描述

本任务将要制作产品包装设计中经常见到的食品包装——话梅包装盒子设计。包装是商品的附属品，是实现商品价值和使用价值的一个重要手段。包装的基本职能是保护商品和促进商品销售，一件好的包装设计作品一定要让人感到舒心，有一种赏心悦目的感觉。

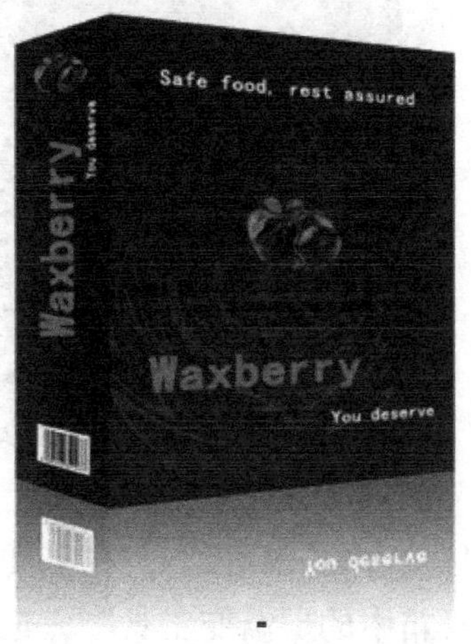

图6-50　话梅包装盒效果图

任务分析

话梅包装盒效果如图6-50所示，主要使用选框工具、滤镜、渐变等命令制作出话梅包装盒，突出产品的吸引力，包装的设计要有档次，给人以高贵的感觉，用鲜艳的色彩对比来增加视觉冲击力。

任务实施

1）启动Photoshop CS6，执行“文件”→“新建”命令，名称输入“话梅包装盒设计”，宽高设置均设为“500像素”，分辨率为“72像素”，颜色模式为“8位RGB颜色”，背景内容为“白色”，如图6-51所示。

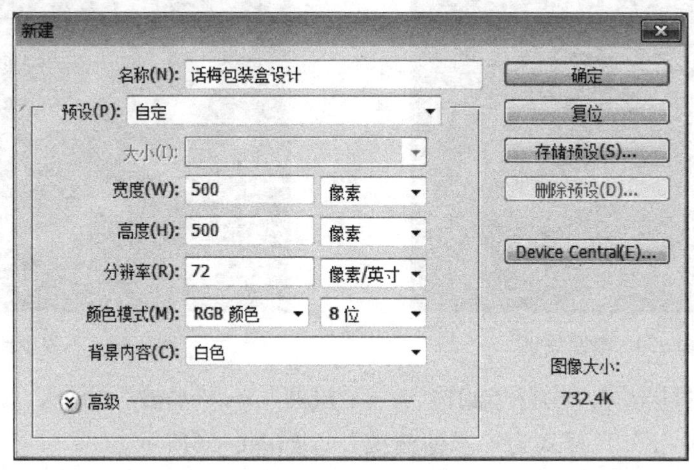

图6-51　新建文件

2）新建“图层1”，在工具箱中选择“矩形选框工具”，创建一个矩形选区，单击工具箱中的“渐变工具”，选择前景色为#013a55，背景色为#005f82，由上至下在选区中拉出渐变效果，如图6-52所示。

3）在“图层1”中按〈Ctrl+D〉组合键取消选区，新建“图层2”选择工具箱中的“矩形选框工具”，创建一个矩形选区，单击工具箱中的“渐变工具”，由左至右在选区中拉出一个由黑色到透明的渐变效果，如图6–53所示。

图6–52 填充渐变色

图6–53 填充黑色到透明渐变

4）新建“图层2”，在工具箱中选择“矩形选框工具”，创建一个矩形选区。单击工具箱中的“渐变工具”，选择前景色为“#013a55”、背景色为“#005f82”，选择渐变方式为“对称渐变”，由上至下在选区中拉出一个渐变效果，如图6–54所示。

5）新建“图层3”，用白色画笔画下不规则线段，如图6–55所示。

图6–54 渐变效果

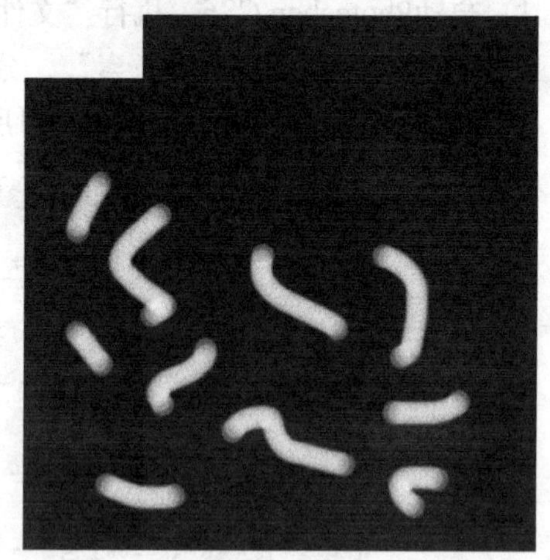

图6–55 不规则线段

6）选中“图层4”，执行“滤镜”→“扭曲”→“水波”命令，设置参数数量为“52”，起伏为“8”，样式为“水池波纹”，如图6–56所示。

7）设置图层混合模式为“叠加”，不透明度为“35%”，如图6–57所示。

8）新建“图层4”，拖入素材“话梅.psd”，在图层面板选择“图层4”并单击鼠标右键，在弹出的快捷菜单中选择栅格化图层，选择工具箱中的“魔棒工具”，选择话梅素材的白色背景，再按〈Delete〉键删除，把删除背景后的话梅素材图片按〈Ctrl+T〉

组合键缩放大小，移动到水波中间，如图6-58所示。

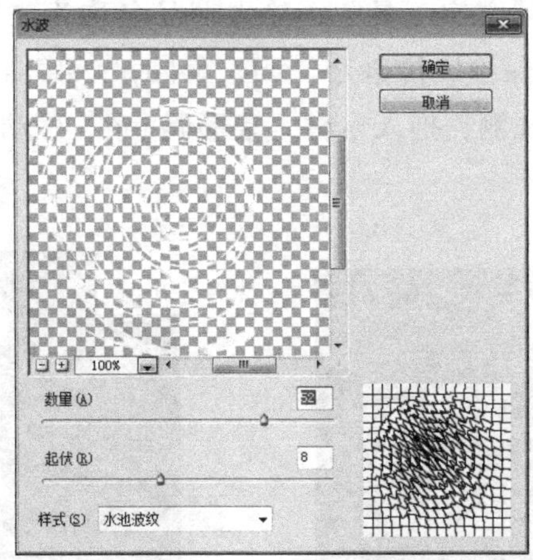

图6-56　水波参数设置

图6-57　水波效果

图6-58　添加话梅素材

9）复制“话梅”图层为“话梅副本”，选中“话梅副本”图层，执行“编辑”→“变换”→“垂直反转”命令，按<Ctrl+T>组合键缩放大小和移动位置作为倒影，如图6-59所示。

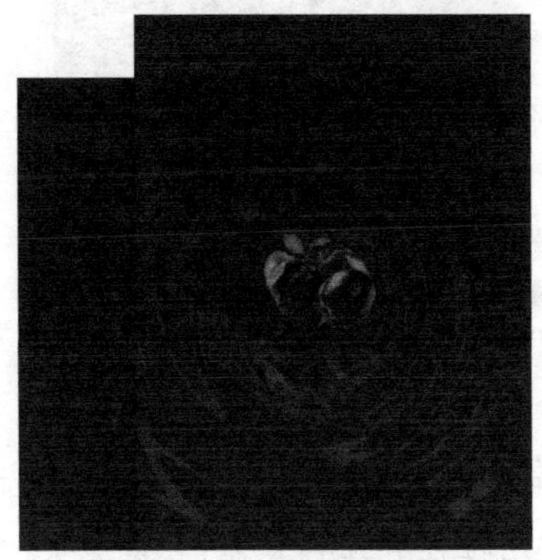

图6-59　给话梅添加倒影

10）将话梅图层和话梅副本图层合并为一个图层，复制此图层，按<Ctrl+T>组合键调整大小，移动到左边位置，如图6-60所示。

11）在工具箱中选择“文字工具”，输入产品名称为“Waxberry”，产品宣传语为“You deserve”，质量保证宣传语为“safe food，reat assured”，新建图层重复步骤3、4做出包装盒右侧和底侧，拖入素材“条形码.jpg”移动大小位置至左下，最终包装盒平面图如图6-61所示。

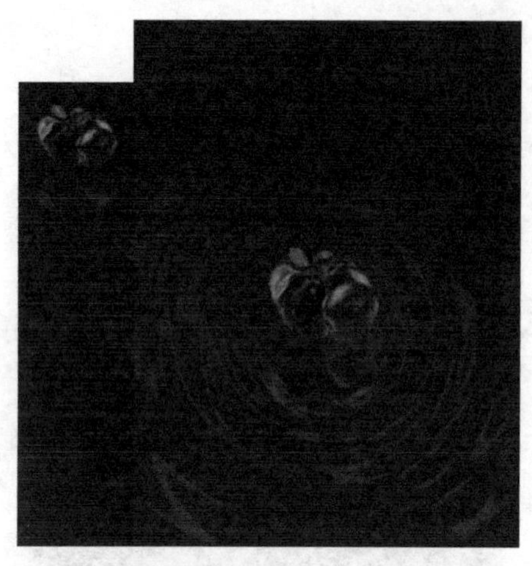

图6-60 移动到左边位置

图6-61 平面图效果

12）平面包装图经过制作后，可形成立体话梅盒包装。话梅盒包装设计立体效果如图6-62所示。

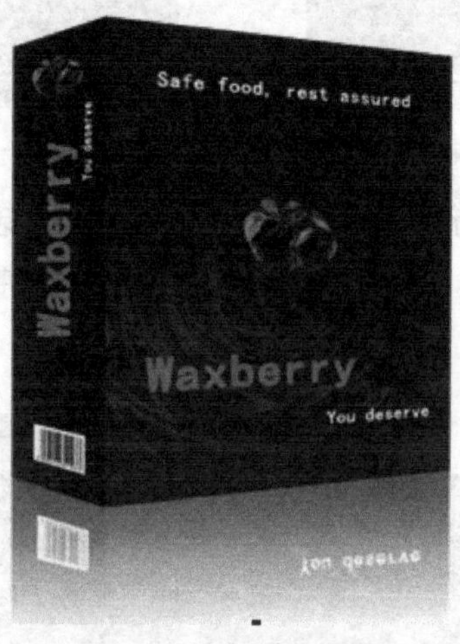

图6-62 立体图效果

知识技巧点拨

1）在步骤3）、4）中制作包装盒侧面和顶部的渐变手法不一样，是为了更加突出设计者在应用过程中的使用性能和立体效果。

2）在步骤5）中同学们可以尝试更多的不同线段用以改变水波的形状和大小。

任务4　设计柔美丝产品包装盒

■ 任务描述

在设计包装盒前，大致的设计制作流程为：客户需求分析→客户企业文化特征分析→同行产品与客户产品的差异分析→根基产品形状构思产品包装的结构→在纸上大致绘制包装结构草图，并进行裁切和折叠，查看效果→修改并确定包装设计方案→在电脑中对构思进行制作→完成包装设计制作，并加上出血线和绘制刀模线。

由于目前对包装盒设计的要求越来越高，本身包装盒也是产品标识宣传的重要组成部分，对颜色的稳定性要求比较高，加之包装盒本身材质的多样性，在制作过程中可能会遇到专色要求，这与制作CMYK不同，需注意的地方比较多。

◆ 任务分析

化妆品包装盒如图6-63所示。化妆产品属于日常生活用品，而且也是消耗品，在整个设计上不需要太复杂，因为消费者需要快速从包装盒中取出产品使用，设计的版面过于复杂，会带来阅读上不必要的麻烦，包装盒上要有明确的标识，让消费者快速认出本产品的功用。

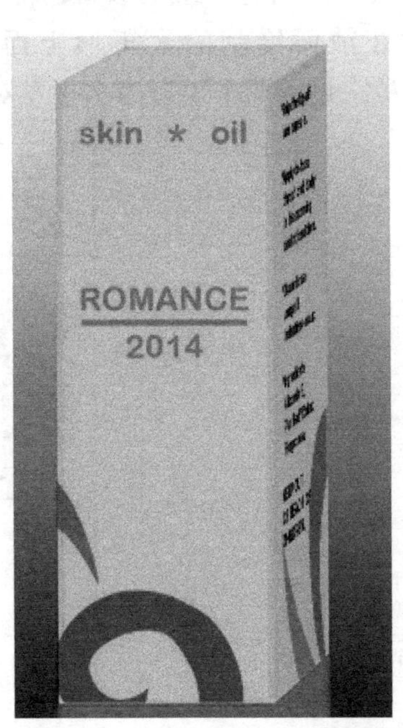

图6-63　化妆品包装盒效果图

◆ 任务实施

1）启动Illustrator CS6，执行“文件”→“新建”命令，打开“新建”对话框，设置文件“名称”为“柔美丝产品包装”，先在A4大小的幅面上，画出包装结构。设置“宽度”为29.7厘米，“高度”为21厘米，“颜色模式”为CMYK模式，单击“确定”按钮，创建一个新的图形文件，如图6-64所示。

2）按<M>键，在空白处单击鼠标，在弹出的“矩形”对话框中，设置矩形的宽度为“9cm”，高度为“12cm”，如图6-65所示。

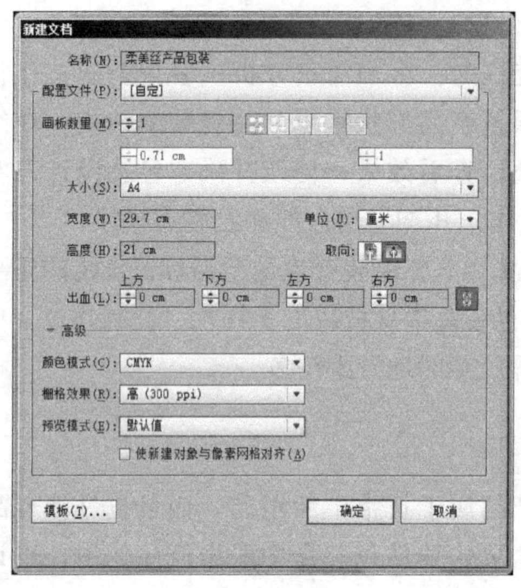

图6-64　新建文件

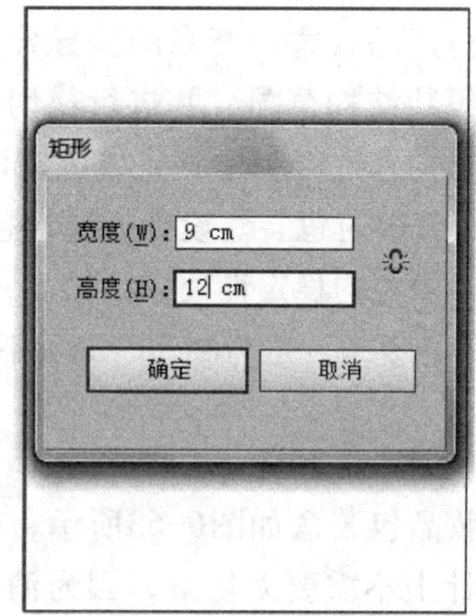

图6-65　矩形框设置

3）继续使用“矩形选框工具”，单击空白部分设置包装上的折叠部分，如图6-66所示。

4）将绘制的小矩形放在前面绘制的大矩形上面，将两个矩形都选中，按<Shift+F7>组合键调出对齐面板，设置两个矩形为水平左对齐，如图6-67所示。

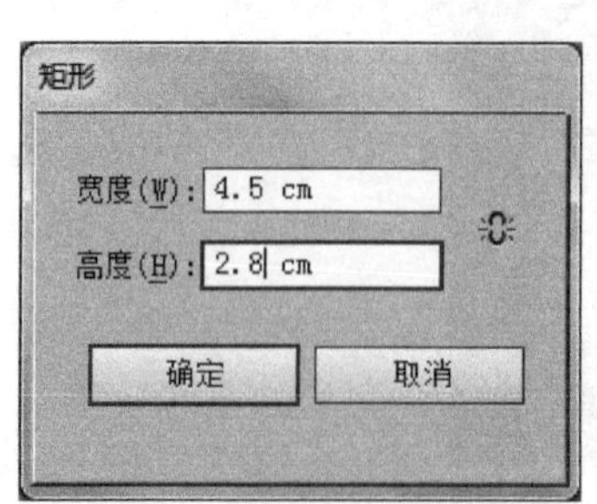

图6-66　绘制折叠部分矩形框

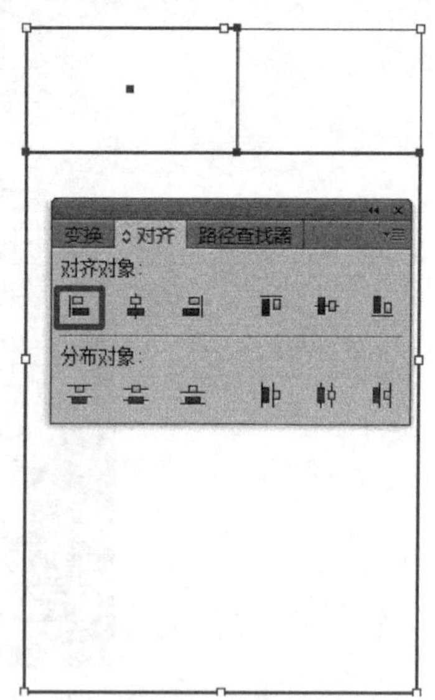

图6-67　对齐设置

5）按<Ctrl+Y>组合键，即执行“视图”→“轮廓”命令，进入轮廓观察模式，放大两个矩形的交界处，在600%以上的放大倍率下保证两个矩形交界处重叠，如图6-68所示。

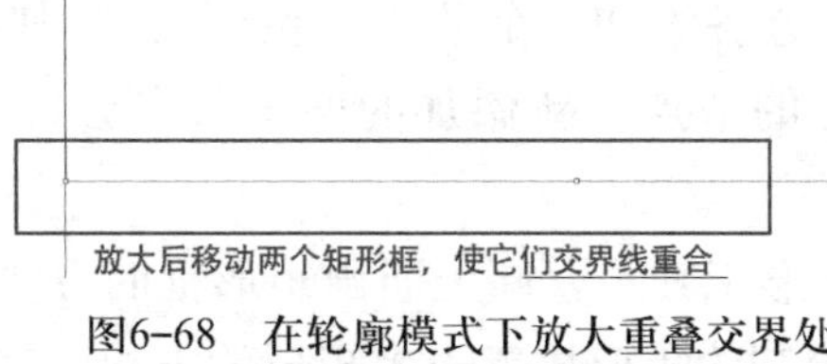

放大后移动两个矩形框，使它们交界线重合

图6-68　在轮廓模式下放大重叠交界处

6）再次按〈Ctrl+Y〉组合键，进入正常视图模式，按〈Ctrl+R〉组合键调出文件的标尺，在横向标尺和竖向标尺交汇处按住鼠标键不放，将其拖至上面小矩形的左上角，目的是设置此处为坐标原点，如图6-69和图6-70所示。

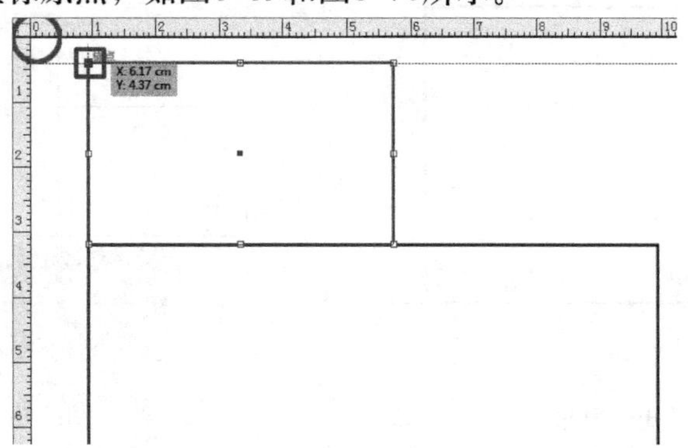

图6-69　拖动鼠标至小矩形的左上角（红色方框标识处）

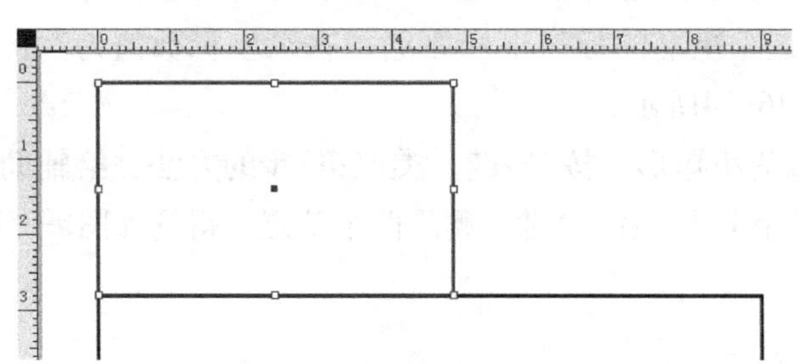

图6-70　设置坐标原点后的标尺显示效果

7）从横向标尺上按鼠标左键并拖动，在纵坐标数值为20mm处建立一个横向辅助线，同样的方法在竖向标尺上拖动至横坐标为8mm处建立一个纵向辅助线，如果标尺单位不是“毫米”，可以选择标尺并单击鼠标右键，在弹出的快捷菜单中更改单位度量，如图6-71所示。

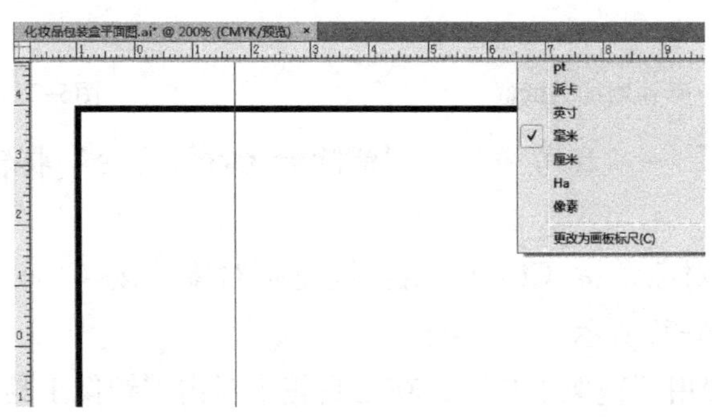

图6-71　设置辅助线

8）将上边的小矩形选中，按〈+〉键，使用“钢笔工具”组中的“锚点工具”在辅助线与其交界的上方和左方各添加一个节点，按〈-〉键，使用“钢笔工具”组中的“锚点工具”删除最左上方的节点，新添加的两个节点会自动连接，结果如图6-72所示。

9）按〈M〉键，使用“矩形工具”，同上面画矩形框的方法，继续绘制一个宽高各为45mm的矩形，并将此新绘制的矩形放置于大矩形的上边，底边与大矩形上边重合，并与大矩形右边对齐，如图6-73所示。

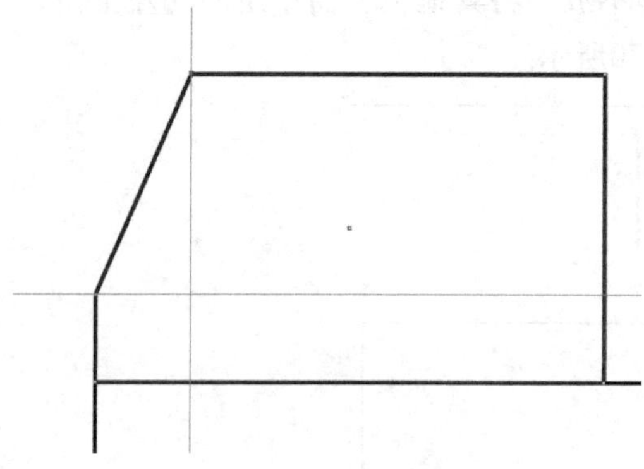

图6-72 修改矩形效果

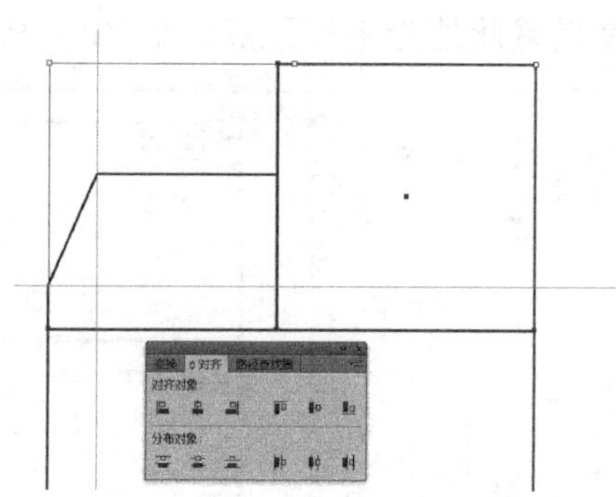

图6-73 添加矩形

10）按〈M〉键，继续使用“矩形工具”在上面的矩形上方绘制一个宽45mm，高6mm的小矩形，重置小矩形的标尺坐标原点，在纵坐标数值为3mm和45mm处建立两条纵向辅助线，如图6-74所示。

11）选中新绘制的小矩形，按〈+〉键，类似第7步的方法，给辅助线与新绘制的小矩形交界的上方加上两个节点，按〈-〉键，删除两个节点，得到如图6-75所示的结果。

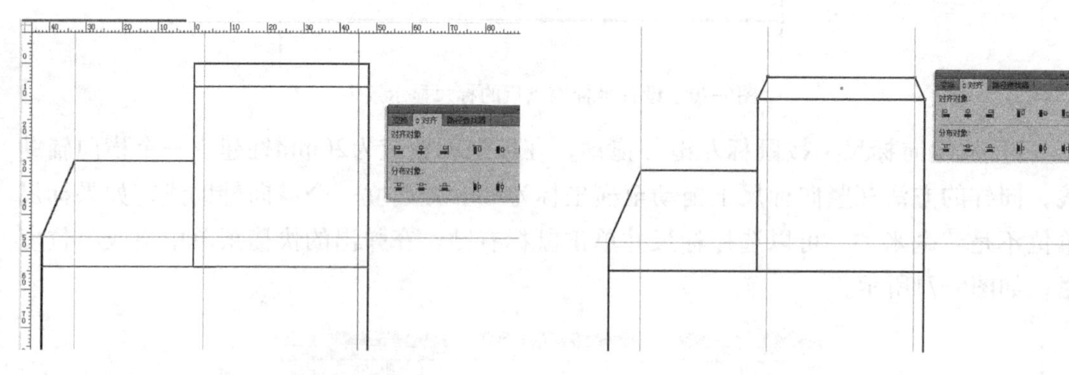

图6-74 添加小矩形并增加辅助线

图6-75 增减节点

12）执行“视图”→“参考线”→“清除参考线”命令，将辅助线全部清除，如图6-76所示。

13）选中左上方对象，按〈Ctrl+C〉组合键复制对象，按〈Ctrl+F〉组合键复制对象在其他对象前面，如图6-77所示。

14）按〈O〉键，使用“镜像工具”，在工具箱中双击“镜像工具”，得到如图6-78所示的对话框，在“轴”选项下选择“水平”，单击“确定”按钮完成水平镜像复制。

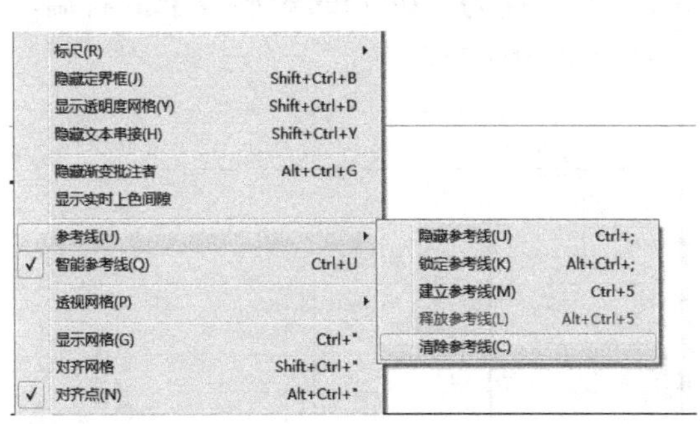

图6-76　清除参考线

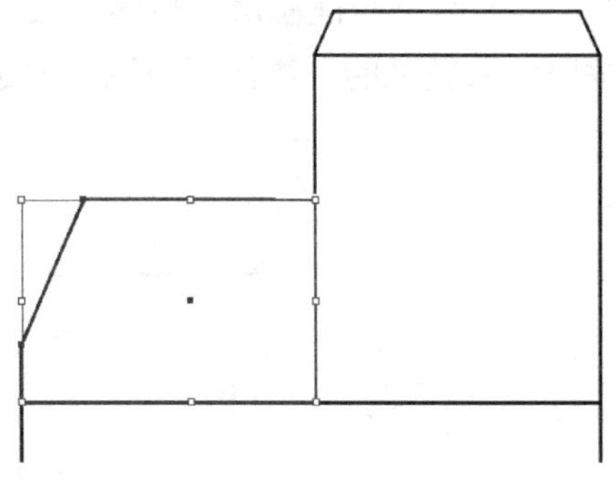

图6-77　复制所选对象

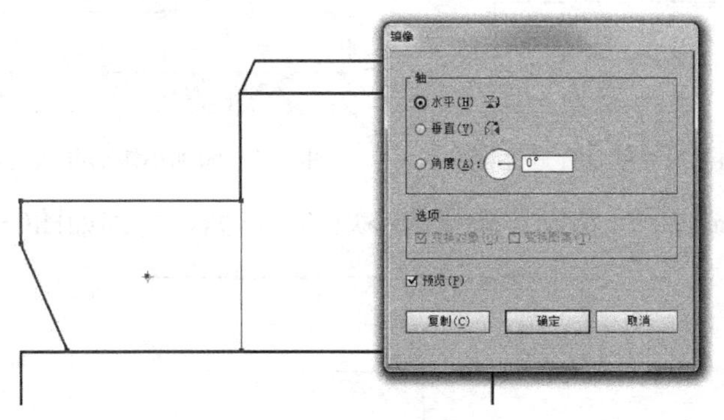

图6-78　水平复制所选对象

15）拖动水平复制好的对象至左下方对齐，选择所有对象，按<Ctrl+G>组合键群组对象，然后选中群组后的对象，在工具箱中双击“镜像工具”，得到如图6-79所示的对话框。在“轴”选项下选择“垂直”选项，按“复制”按钮完成垂直群组对象的镜像复制。

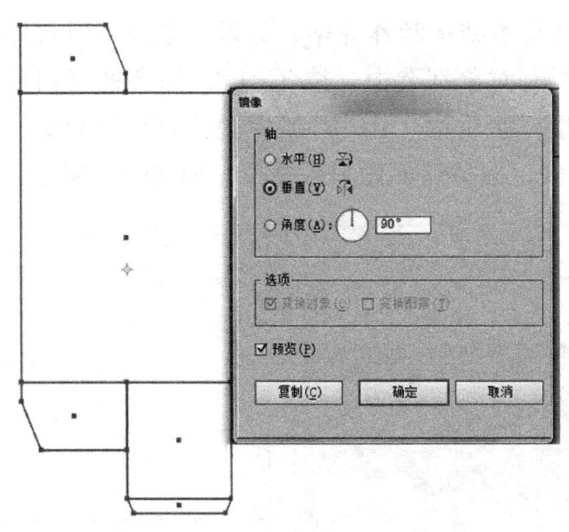

图6-79　垂直镜像复制群组对象

16）拖动复制好的群组对象至对齐，结果如图6-80所示，采用类似第6步的方法将两个群组对象于原群组对象边缘重叠。

17）按<M>键使用“矩形工具”，将宽为14mm，高为120mm的矩形置于最右端，按照前面做过的方法保证与原对象边缘重合，结果如图6-81所示。

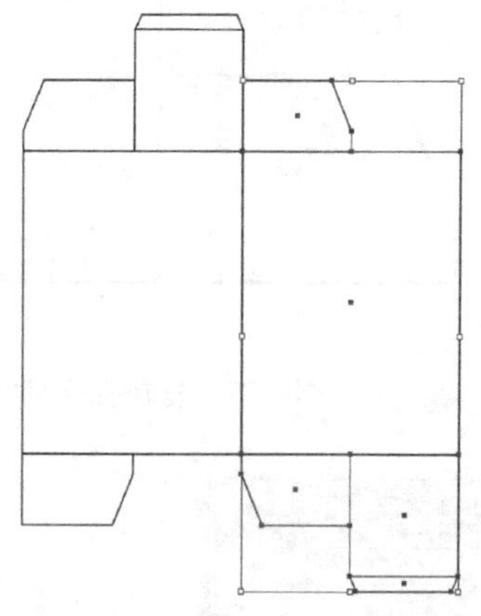

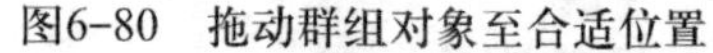

图6-80　拖动群组对象至合适位置

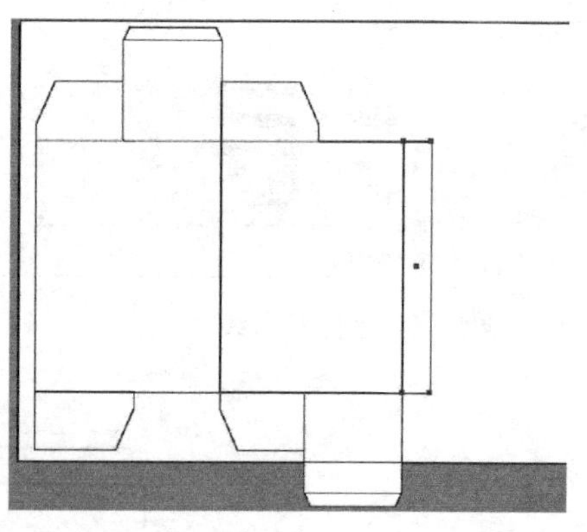

图6-81　添加小矩形并重合相交边缘

18）按照前面做过的方法制作新建的小矩形的斜角，得到如图6-82所示的效果。

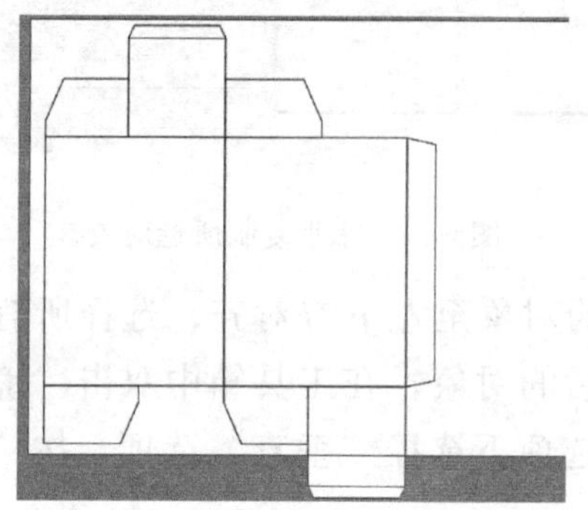

图6-82　矩形斜角制作

19）至此包装盒的基本结构制作完毕，如果有条件可以打印出来并折叠验证，检查盒型是否正确，将所有对象都选中，按<Ctrl+C>组合键复制对象，按<F7>键调出图层面板，新建一个图层，然后按<Ctrl+V>组合键执行粘贴命令，将盒型复制在新的图层上，将“图层2”隐藏，以备后面做刀版使用，如图6-83所示。

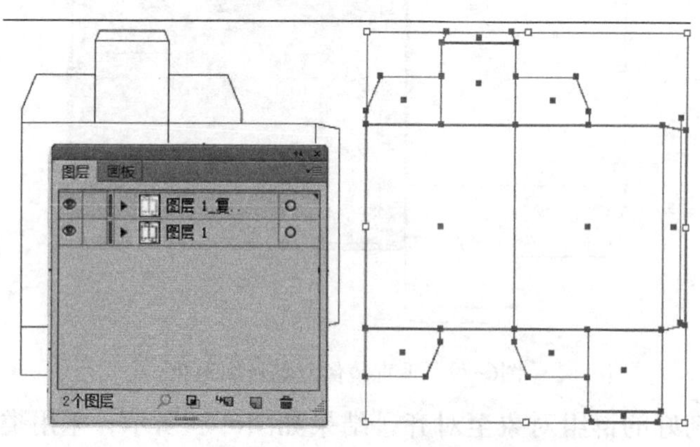

图6-83　在新建图层上复制盒型

20）利用本书前面介绍的方法，将“产品装饰图案.jpg”素材置入后用“路径工具”描摹出来，放置在新的图层上，如图6–84所示。

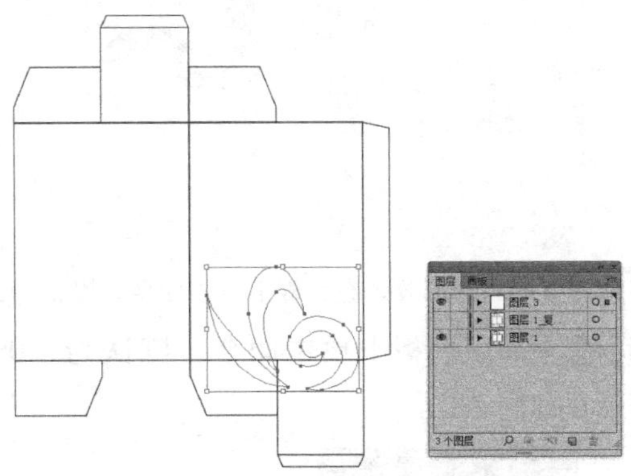

图6–84　在新图层上绘制产品装饰图案

21）执行“窗口”→“色板”命令打开色板面板，本任务中的产品装饰图案和整个盒子的底色都用印金的专色填充，产品名字用烫金完成，其他说明文字用黑色，故在色板面板中新建自定义印金专色、烫金专色、黑色、模切压痕专色几个颜色样板，如图6–85所示。

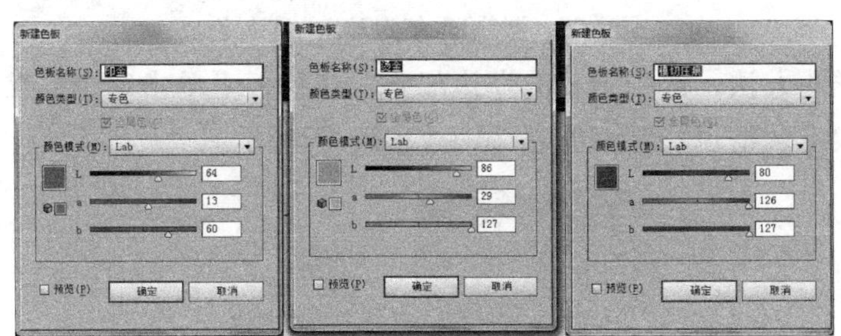

图6–85　新建色板

22）打开建好专色的色板面板与颜色面板，执行“窗口”→“色板”和“窗口”→“颜色（快捷键F6）”命令，打开“颜色”和“色板”窗口，如图6–86所示。

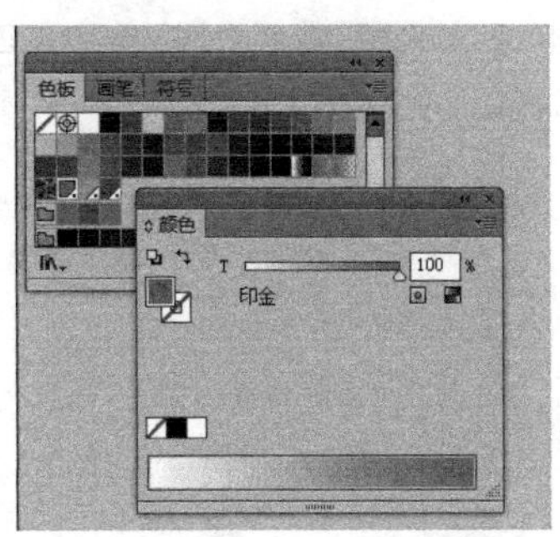

图6–86　色板面板和颜色面板

23）此包装盒总共出4种色板，包装盒底色为40%的印金，装饰图案从浓到淡分别为100%印金、75%印金、50%印金，先选择装饰图案的右边部分，在色板上选择印金，默认为100%的金色，在颜色面板上显示如图6–87所示。

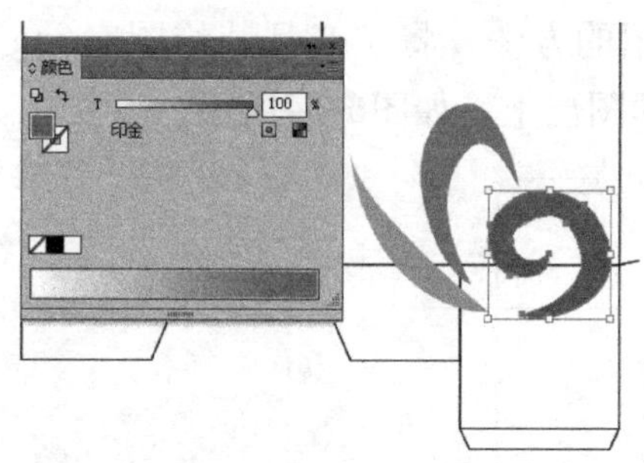

图6-87　对装饰图案的右边部分，在色板上单击印金，默认为100%的金色

24）选中图案的中间部分，在色板上单击印金，默认为100%的金色，在颜色面板上调整T数值为75%，显示如图6-88所示。

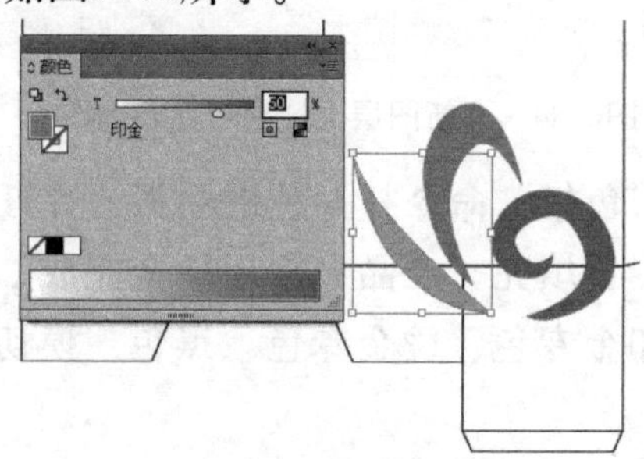

图6-88　调整T数值为75%的印金色

25）用同样的方法，选中图案的左边部分，在色板上单击印金，默认为100%的金色，在颜色面板上调整T数值为50%，显示如图6-89所示。

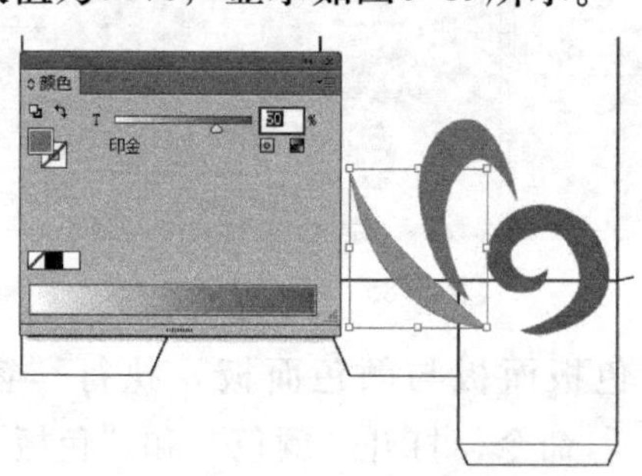

图6-89　调整T数值为50%的印金色

26）复制装饰图案结果如图6-90所示。

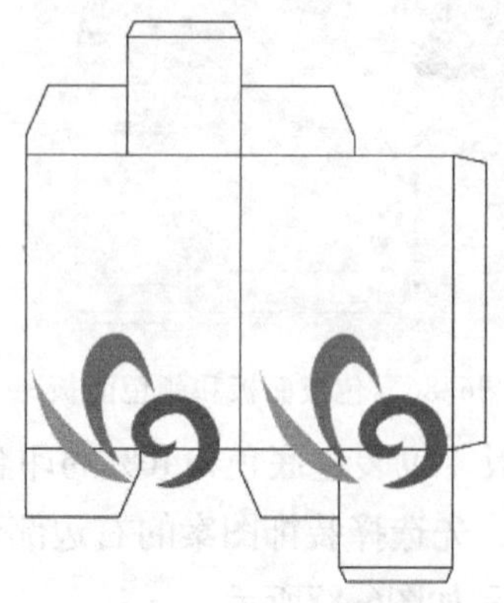

图6-90　复制装饰图案结果

项目6

27）输入“ROMANCE”等文字，字体为“ArialRoundedMTBold”，调整合适大小如图6-91所示，字体及文字下横线颜色设置为烫金100%。

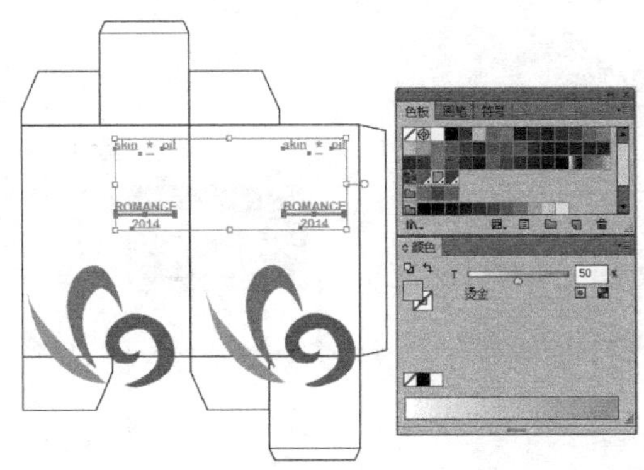

图6-91　烫金文字

28）输入其他黑色说明文字，作为产品说明的字体为“BerlinSansFB”，调整字体大小为“10点”，如图6-92所示，选中这些黑色文字，执行“窗口”→“属性”命令，设置黑色文字叠印如图6-93所示。

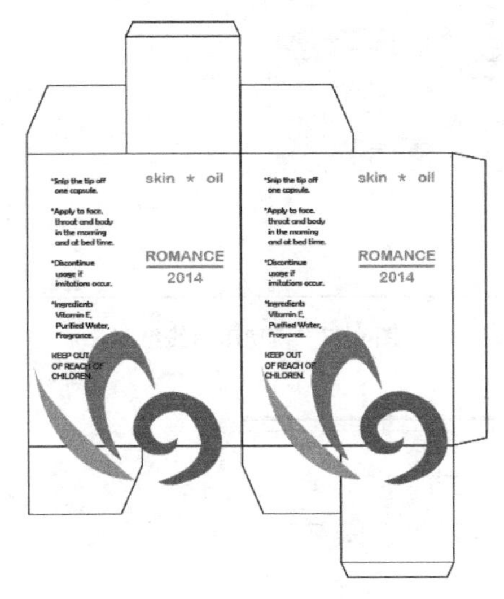

图6-92　输入黑色说明文字

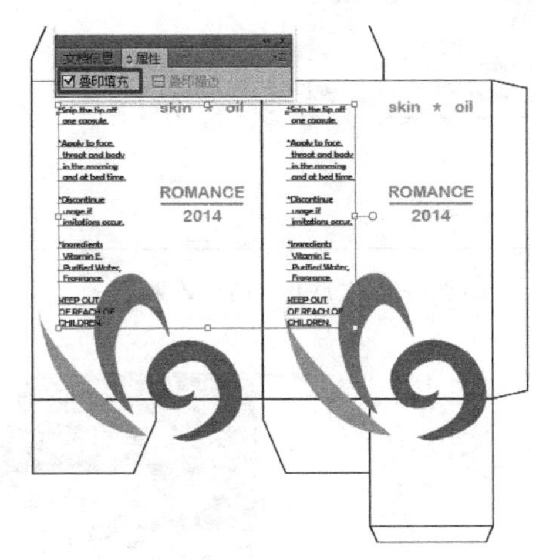

图6-93　设置黑色文字叠印

29）选择“图层3”，绘制一个矩形，将盒子都包围住，设置填充颜色为40%印金，按〈Ctrl+Shift+[〉组合键将“图层3”中的40%的印金底色的矩形移至最底，如图6-94所示。

30）隐藏“图层1”和“图层3”，选择“图层2”，绘制刀版，选中原刀版框架，执行“窗口”→“路径查找器”命令（快捷键〈Shift+Ctrl+F9〉），调出“路径查找器”面板，单击“形状模式”下的“联集”按钮，将原框架连接，如图6-95所示。联集后的结果如图6-96所示。

31）用“直线段工具”画线，配合“描边面板”（快捷键为〈Ctrl+F10〉）的线形设置，将需要切断部分的钢刀线设为实线，在需压痕的钢线部分画出虚线，如图6-97所示。打开“色板面板”和“颜色面板”，对刀版设置描边颜色为“模切压痕”专色，结果如图6-98所示。

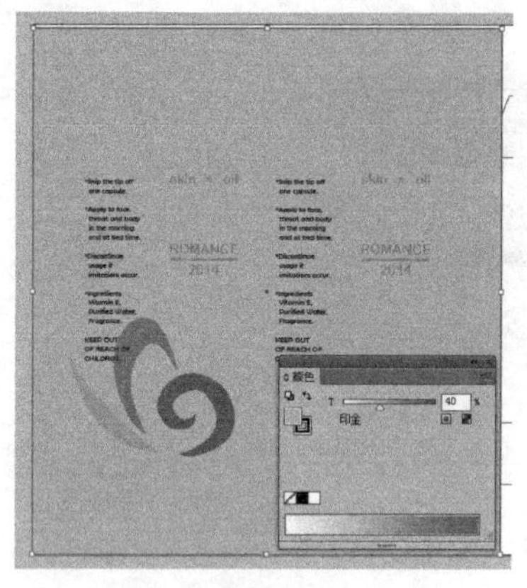

图6-94　设置盒子的底色

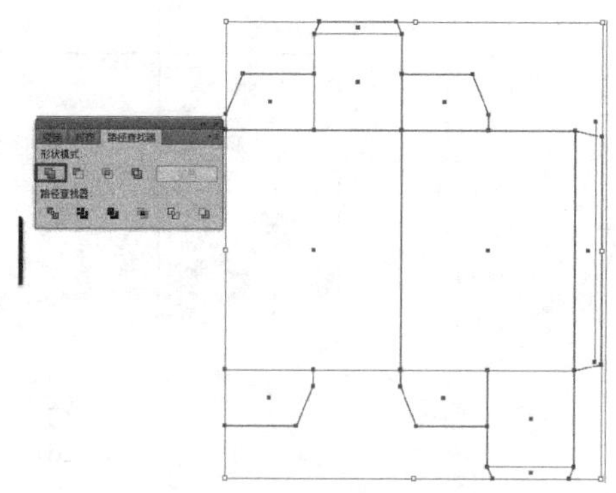

图6-95　单击“联集”按钮

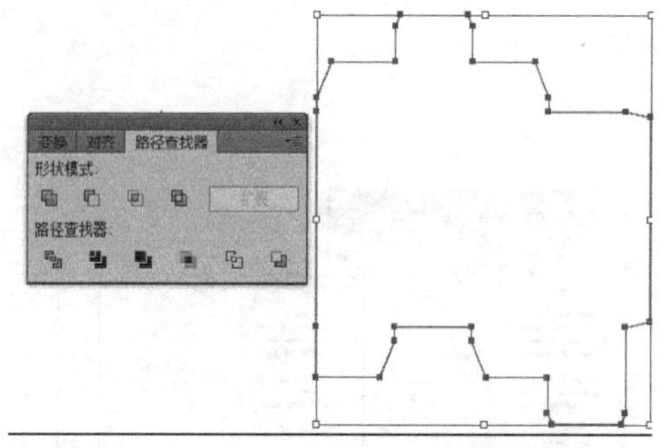

图6-96　“联集”命令效果图

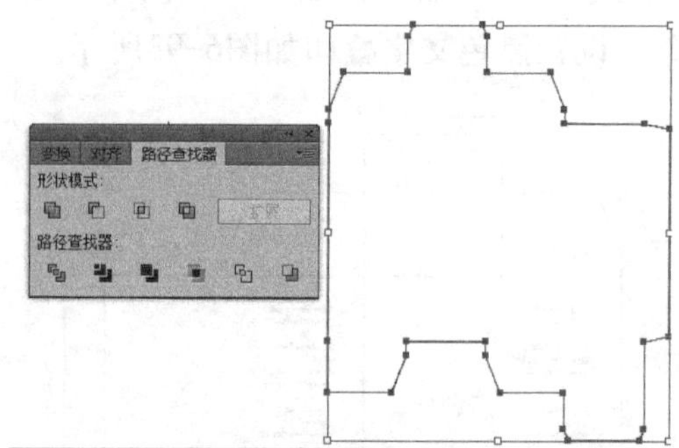

图6-97　模切压痕线绘制

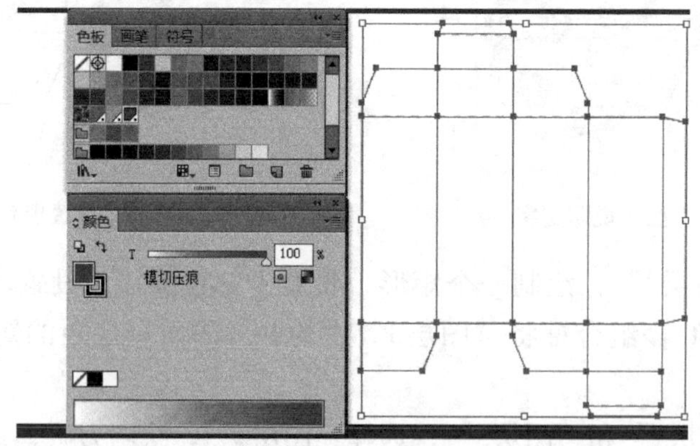

图6-98　模切压痕专色设置

32）将模切板群组后，拖动至盒子内容之上，显示“图层3”，盒子的平面展开结果如图6-99所示，注意在属性面板中，将模切板的颜色设为“叠印描边”。

33）至此盒子制作完毕，要给客户看盒子效果还需要在Photoshop中将盒子的效果图展示出来。接下来利用盒型素材配合Photoshop制作效果图。

34）启动Photoshop软件后，打开“盒型效果素材.jpg”，如图6-100所示。

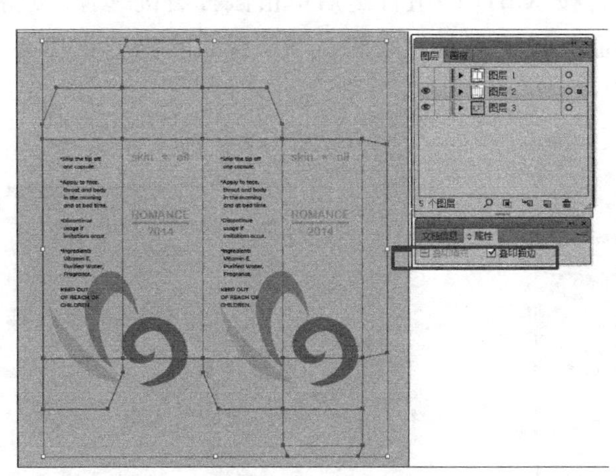

图6-99　设置“叠印描边”

图6-100　打开盒型效果素材

35）已有的素材包含了印金的底色，我们可以在这个基础上直接贴入盒子的正面内容及侧面内容的示意，即可完成，无需再导入印底色金的效果，所以打开AI之后，将底色金所在的图层中的底色关闭，关闭40%的底色金只需在“图层3”中找到那个矩形对象，隐藏它即可，如图6-101所示，然后将AI结果执行“文件”→“导出”命令，命名为“柔美丝产品包装平面图.jpg”，导出图因为只是效果展示，分辨率设为150PPI，模式选择RGB导出即可。

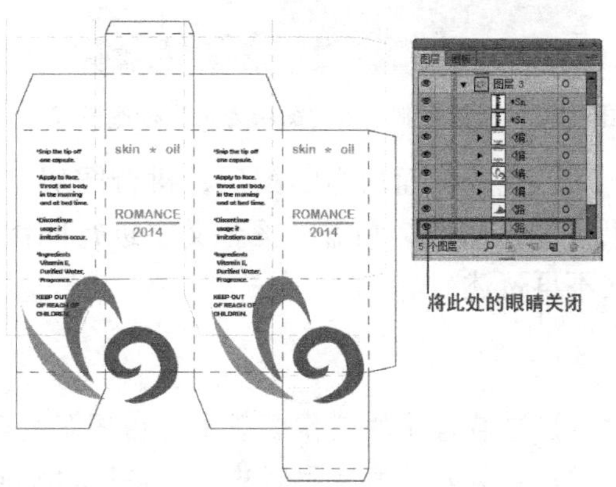

图6-101　关闭底色并导出平面展开图

36）在Photoshop中也将“柔美丝产品包装平面图.jpg”打开，用矩形框选择正面内容复制粘贴至盒型效果图上，如图6-102所示。

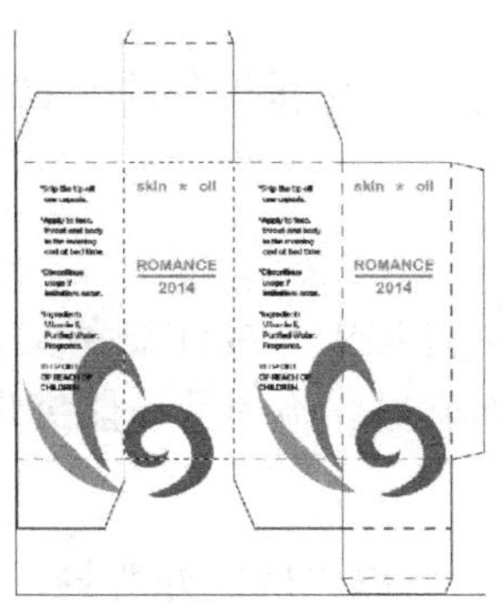

图6-102　正面贴图

37）将正面内容略作缩放至盒型效果图上，设置复制过来的图层模式为“正片叠底”，结果如图6-103所示。

38）将侧面内容同样复制后，按<Ctrl+T>组合键后单击鼠标右键选择“透视”变化，再选择“斜切”，变幻至侧面，设置复制过来的新图层模式也为“正片叠底”，结果如图6-104所示。

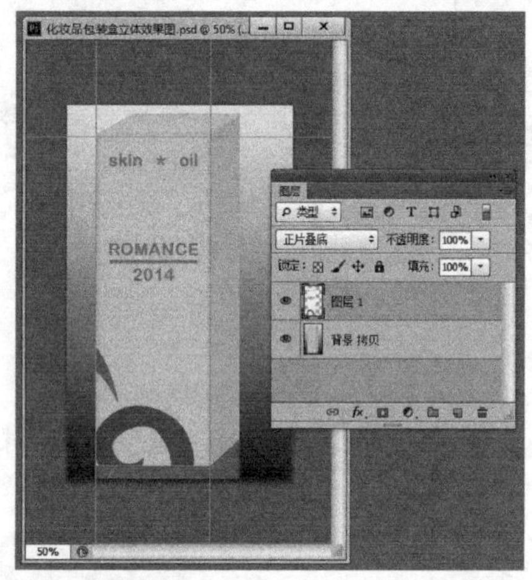

图6-103　设置复制过来的图层为正片叠底模式

图6-104　复制侧面内容

39）完成侧面内容贴图后，拼合图层，基本效果制作完毕，当然如果愿意将烫金效果也显示出来，则需对烫金文字进行图像特效处理，在此留给读者自己发挥练习，本文不再赘述。

知识技巧点拨

1）包装盒子的制作一般主要由图形处理软件完成。

2）包装效果的展示制作一般在Photoshop中贴图完成。

◆ 任务拓展　设计茶叶包装

茶文化是中国的文化之一，有着悠久的历史，选择你喜欢的茶叶品种，并为它设计一款包装。

任务描述

搜索你喜欢的茶叶的图片和相关的素材，制作一款茶叶包装，以提高茶叶的品味以及它的知名度。

任务要求

在制作茶叶包装的过程中，要注意茶文化和中国文化之间的联系，版面要整洁和美观，信息排列合理而有序、不紊乱，能突出宣传作用。

任务提示

1）在制作过程中，可以先确定好背景，通常背景采用渐变色。

2）注意图像的大小和分辨率的设置。

3）适当采用图层混合模式和字体特效，在图片的融合和信息的突出中起到合适的作用。

项目7

设计产品广告

项目概述

产品广告设计是对产品的内容及其表现形式进行构思、预制的过程，从形式上看，创意是一种存在于人脑中的设想，如果要使其发挥作用，就必须将其表现出来，将其从头脑中的设想变为具体的作品形式，而且要用艺术形式恰如其分地表现出来，要对画面中的造型要素进行合理的布局。本项目将用两个经典的产品广告设计来阐述创意设计制作的过程。

学习目标

通过学习制作产品广告的设计，主要掌握几种工具在Photoshop中的综合应用：在制作过程中应用到Photoshop中的选择工具、渐变工具、画笔工具等，通过合理的排版，以及图层混合模式达到理想效果。

任务1　设计食品广告——BOBO西饼屋广告

任务描述

本任务需要制作产品广告中经常见到的食品广告。本任务相对简单，西饼屋有琳琅满目的蛋糕、饼干等，它的多样化、趣味感、情调感使蛋糕不仅仅是食品的代名词，更是品味与身份的象征，所以如何体现它的品味和价值是广告制作前期应该思考和定位的。本任务主要采用情感的表现手法，通过背景烘托温暖的气氛，用产品的特写表现诱人的品质，用鲜艳的色彩对比来增加视觉冲击力。

任务分析

广告效果如图7-1所示，主题背景颜色为暖色调，主要突出鲜艳的色彩对比，并通过适当的文字排版显示广告的主题和内容，简单而有意义。

图7-1　BOBO西饼屋广告效果图

◆ 任务实施

1）启动Photoshop CS6，执行“文件”→“新建”命令，打开“新建”对话框，设置文件“名称”为“BOBO西饼屋广告设计”，设置“宽度”为“27厘米”，“高度”为“16厘米”，“分辨率”为“100像素/英寸”，“颜色模式”为“8位RGB颜色”，单击“确定”按钮，创建一个新的图像文件，如图7-2所示。

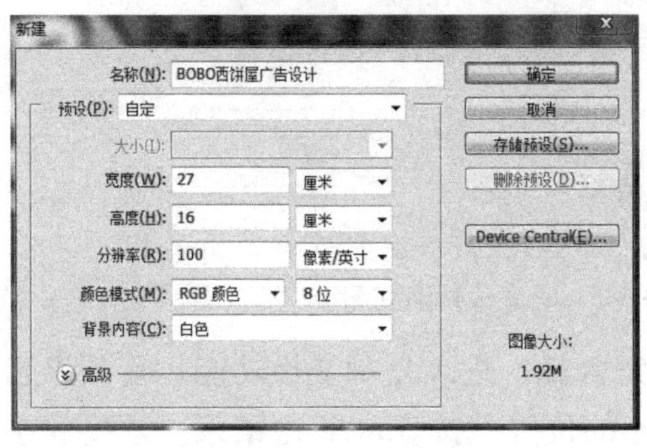

图7-2 新建文件

2）新建一个图层，重命名为“背景1”，设置前景色为R：230、G：120、B：13，选择“填充工具”，填充“背景1”图层，效果如图7-3所示。

图7-3 填充背景色

3）新建一个图层，重命名为“条纹”，选择“矩形选择工具”，在该图层绘制一个条形矩形选区，如图7-4所示。

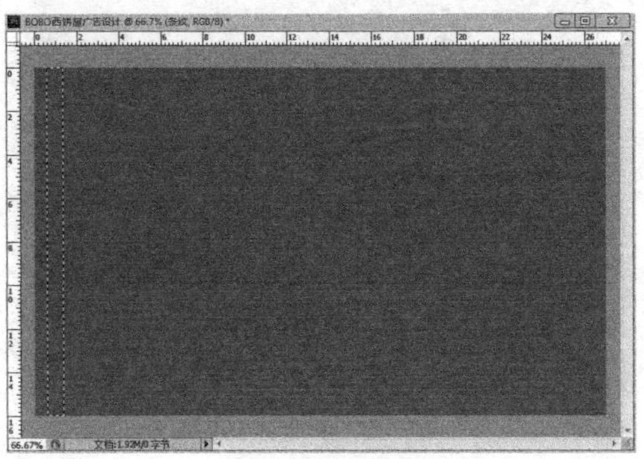

图7-4 绘制条形选区

4）选择“线性渐变工具”，打开线性渐变编辑器，左侧色标颜色为R：230、

G：120、B：23，右侧色标颜色为R：220、G：43、B：28，如图7-5所示，选择条纹图层并拉出渐变效果，如图7-6所示。

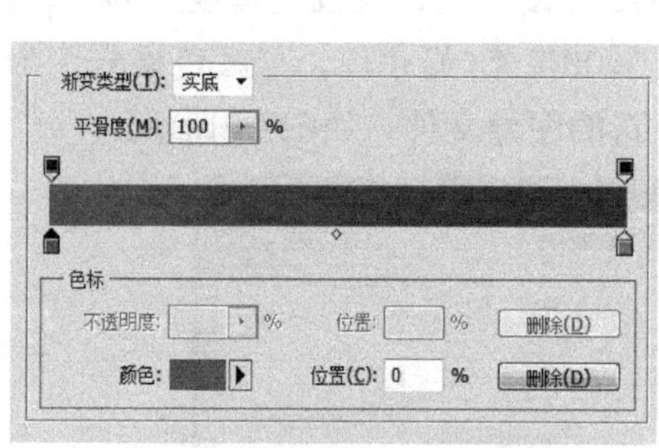

图7-5　设置线性渐变图

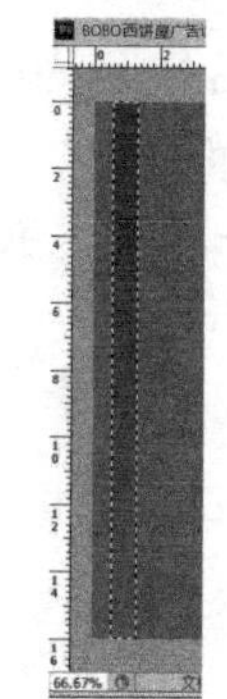

图7-6　渐变效果

5）按〈Ctrl+Alt+T〉组合键，进入复制变换功能，复制出相同的一个条纹渐变，然后往右移动一个条纹大小的位置，按〈Enter〉键结束。紧接着连续按〈Ctrl+Shift+Alt+T〉组合键，连续复制相同的背景条纹，如图7-7和图7-8所示。

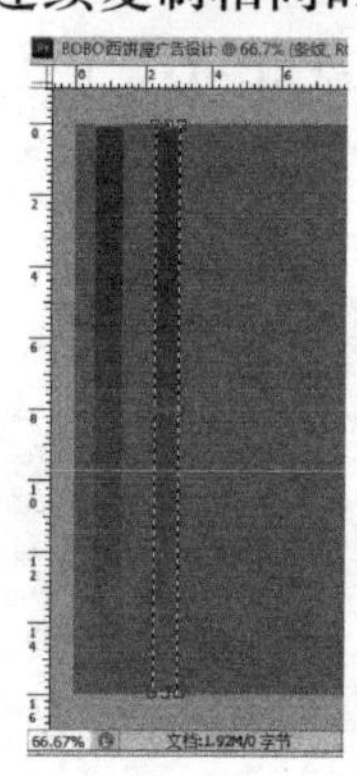

图7-7　复制变换

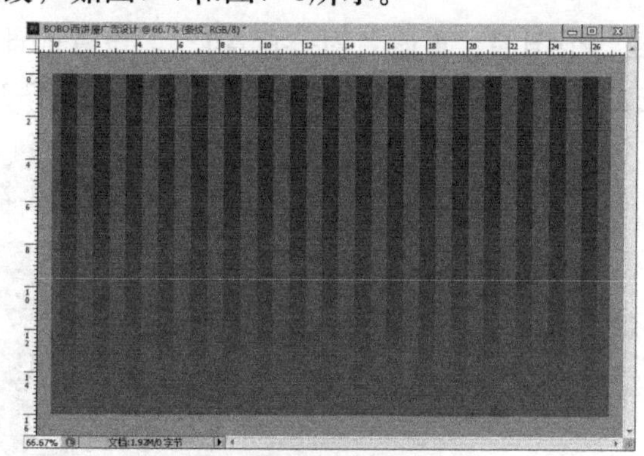

图7-8　复制效果

6）打开素材“标志.psd”文件，把西饼屋标志移动到图像文件中，重命名为“标志”，按〈Ctrl+T〉组合键，缩小图像移动到合适位置，按〈Enter〉键结束，如图7-9所示。

图7-9　缩小效果

7）打开素材文件夹，选择素材“图01.jpg和图02.jpg”文件，把两个图片移动到图像文件中，重命名为“图01和图02”，按〈Ctrl+T〉组合键，缩小图像移动到合适位置，按<Enter>键结束。选择“魔术棒工具”，选取“图01”素材的黄色部分，然后填充白色，最后给两张图像描边，如图7-10所示。

图7-10　添加图片

8）选择“横排文字工具”，输入“7”，重命名为“7”，参数设置如图7-11所示。移动到靠右侧位置，效果如图7-12所示。

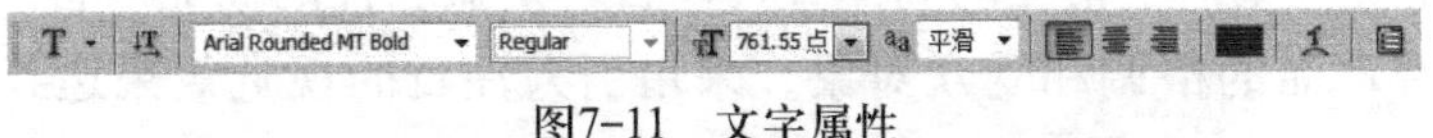

图7-11　文字属性

图7-12　文字效果

9）打开素材文本，将广告文字内容分别用横排文字输入，字体为“幼圆”，字号的大小及位置参照如图7-13所示的效果。至此，本任务制作完成。

图7-13　效果图

知识技巧点拨

1）“吸管工具”用于吸取图像中的颜色，吸取的颜色将显示在前景色或背景色中。选取“吸管工具”，在图像中需要的颜色上单击鼠标左键，即可吸取出新的前景色，按<Alt>键的同时单击鼠标左键，可选取出新的背景色。

2）在使用“渐变工具”对图像进行线性和对称的渐变填充时，按鼠标左键拖动的方向和距离都会影响到填充效果，可多进行练习以便掌握绘制方法。

任务2　设计首饰广告——钻戒广告片

■ 任务描述

首饰广告是现代生活中常见的商品宣传广告，是盈利性的商业广告。首饰广告的设计要恰当地配合产品的格调和受众对象。采用引人注目的视觉效果达到宣传商品的目的。本任务就一起来学习钻戒的宣传广告制作，通过深沉的紫色渐变来衬托钻戒的高贵典雅，适当运用一些构成元素，打破画面的沉闷感，体现一种高雅幽静的视觉效果。

◆ 任务分析

本任务学习制作钻戒的广告设计，使用的工具并不多，用“渐变色工具”设置背景的渐变色，钻戒的抠图与图层样式设置，使用“文字工具”制作优美的文字线条，还有“蒙版”“涂抹工具”等，最后效果如图7-14所示。

图7-14　首饰广告效果图

◆ 任务实施

1）启动Photoshop CS6，执行“文件”→“新建”命令，打开“新建”对话框，设置文件“名称”为“首饰广告设计”，设置“宽度”为“35厘米”，“高度”为

“23厘米”，“分辨率”为“100像素/英寸”，“颜色模式”为“8位RGB颜色”，单击“确定”按钮，创建一个新的图像文件，如图7-15所示。

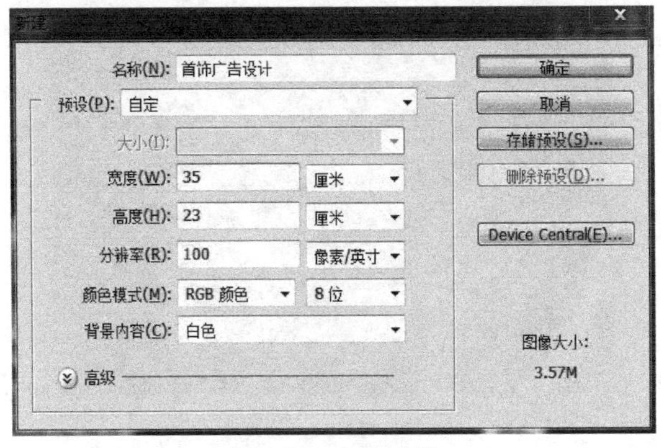

图7-15　新建文件

2）选择前景色为“紫色”，背景色为“黑色”，线性渐变方式为“径向渐变”，在背景图层填充放射性渐变，如图7-16和图7-17所示。

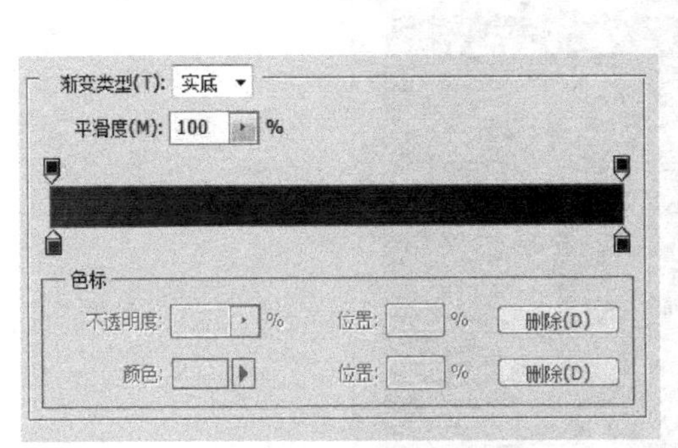

图7-16　设置色标颜色

图7-17　放射性填充背景

3）打开素材文件“素材1.psd”和素材“2.psd”，将素材分别移动到图像文件中，按<Ctrl+T>组合键，缩小和移动图像到适当位置，按<Enter>键结束，效果如图7-18所示。

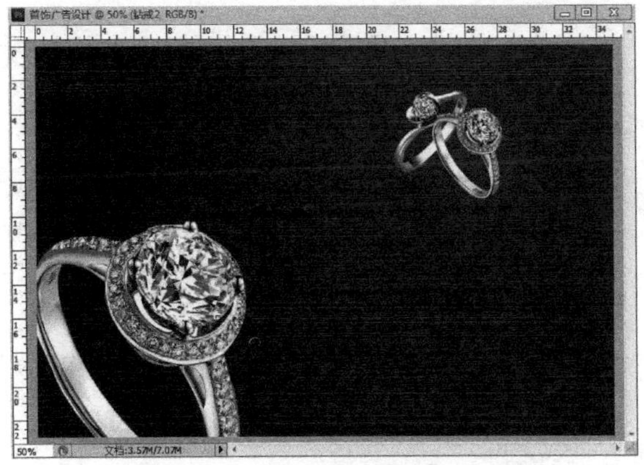

图7-18　导入素材文件

4）打开素材文件“素材1.jpg”“素材2.jpg”和“素材3.jpg”，用“椭圆选框工具”分别把钻戒素材截取到图像文件中，移动图像到适当位置，效果如图7-19所示。

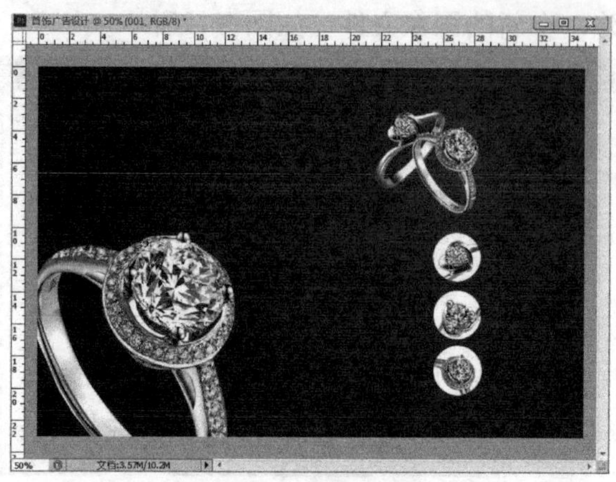

图7-19　截取效果

5）打开素材文件“素材4.psd”，用“选择工具”把标志移动到图像文件中，移动图像到画面左上角位置并缩小，效果如图7-20所示。

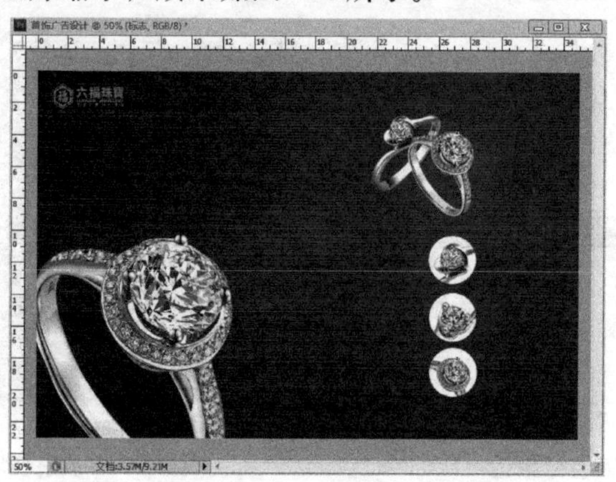

图7-20　添加标志

6）选择“横排文字工具”，输入广告语“钻石恒久远，一颗永流传”，得到如图7-21所示的结果。

图7-21　添加广告语

7）选择文字图层并单击鼠标右键，在弹出的快捷菜单中选择栅格化文字，将广告语文字转换成图形，选择“线性渐变工具”给文字做渐变效果，效果如图7-22和图7-23所示。

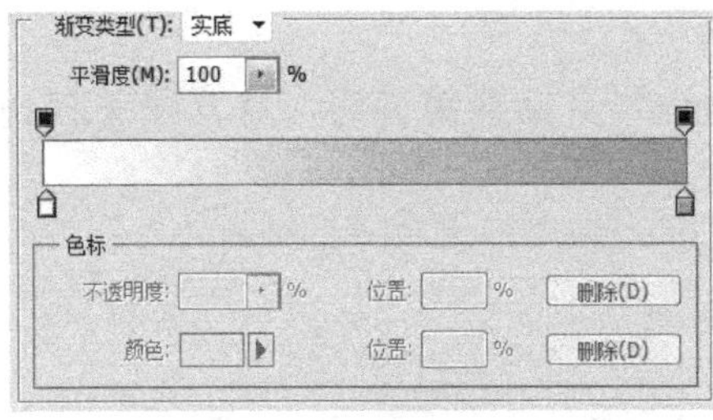

图7-22　线性渐变

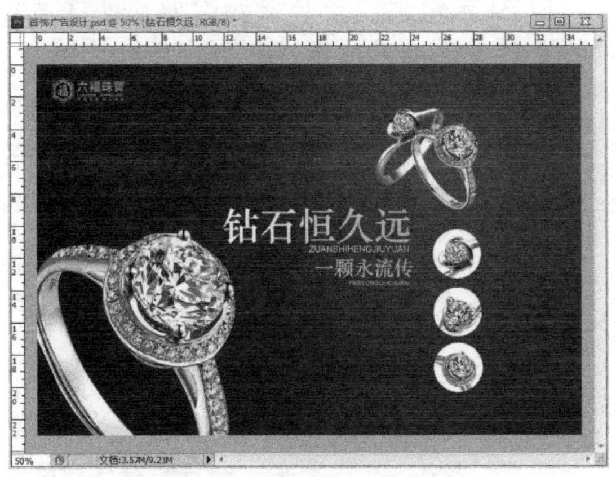

图7-23　渐变后的文字效果

8）选择“竖排文字工具”，输入广告文字内容，如图7-24和图7-25所示。

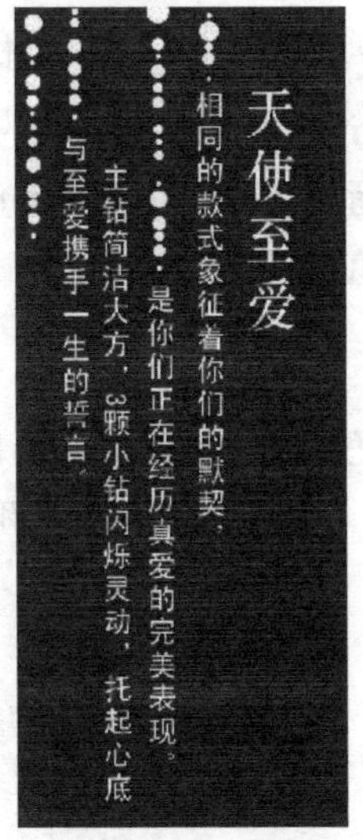

图7-24　文字内容

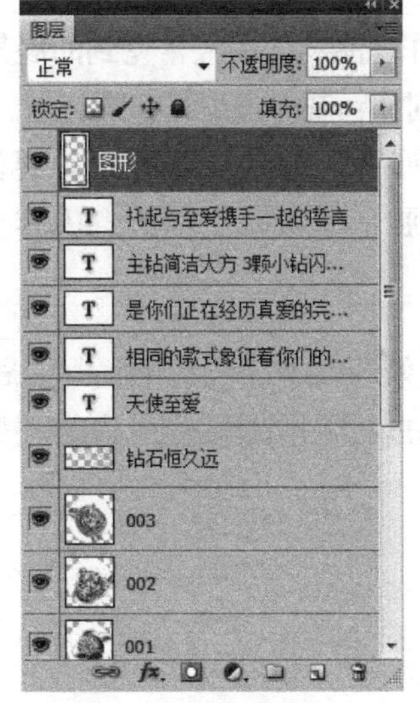

图7-25　图层内容

9）最后对广告画面进行微调，至此，本任务制作完成，效果如图7-26所示。

图7-26　最终效果图

知识技巧点拨

1）如果想把文字转换成图形来进行编辑，可对文字进行栅格化处理，一旦经过栅格化的文字就不能再进行文字属性的修改。

当选取的文字图层中的文字为竖式排列时，对齐文本按钮将变为“顶对齐文本”“居中对齐文本”“底对齐文本”，分别单击这些按钮，可以将竖式排列的文字顶对齐、居中对齐和底对齐。

2）通常在广告的制作过程中，为了突出广告语本身某些关键词，特意将关键词使用放大和不同字体处理的方法来突显效果。

任务3　设计美容院展架广告

任务描述

本任务将制作产品广告中经常见到的展架广告，它广泛用于银行、卖场等商业场所，具备时效性强，易制作，制作过程迅速的特点。它是可通过写真喷绘而制作的广告宣传品。

展架由于其展开时如图7-27所示，要注意其画面上会打4个直径约为两“厘米”的小洞，以便安装展示，所以文字信息内容要保证不在这四个小洞的位置附近。

任务分析

美容院广告效果如图7-28所示，主题背景颜色为蓝色色调，突出主题，色彩明快，并通过适当的文字排版显示广告的主题和内容，表达信息清晰准确。

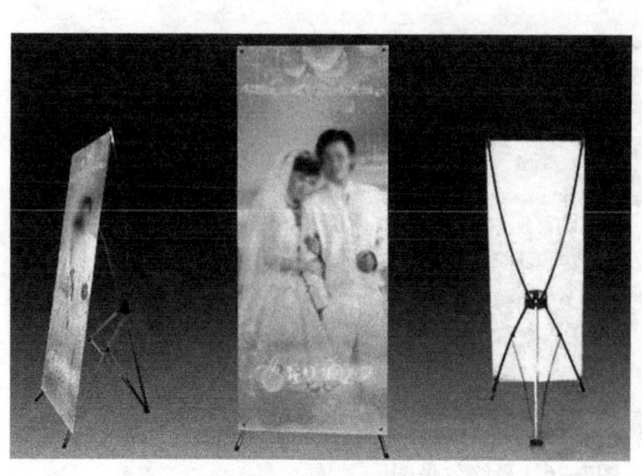

图7-27　展架示意图

图7-28　肤美美肤馆广告效果图

◆ 任务实施

1）启动Photoshop CS6，执行“文件”→“新建”命令，打开“新建”对话框，设置文件“名称”为“肤美美容院展架广告”，设置“宽度”为“60厘米”，“高度”为“160厘米”，“分辨率”为“150像素/英寸”，“颜色模式”为“8位RGB颜色”，单击“确定”按钮，创建一个新的图像文件，如图7-29所示。

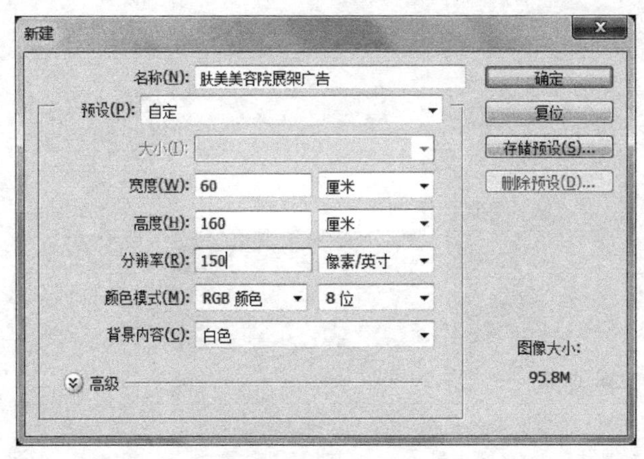

图7-29　新建文件

2）新建两个图层，将其分别重命名为“天空”“水面”，打开“蓝天素材.jpg”文件，将其拖至天空图层中，如图7-30所示。

图7-30　加入蓝天素材

3）用类似的方法，打开“水素材.jpg”文件，并将其拖至“水面”图层上，结果如图7-31所示。

图7-31　加入水素材

4）在“天空”图层和“水面”图层分别建立一个图层蒙版，在这两个图层蒙版上制作黑至白的渐变蒙版效果，如图7-32所示。

图7-32　渐变蒙版效果

5）将所制作的几个图层合并盖印处理（按〈Ctrl+Shift+Alt+E〉组合键），按

〈Ctrl+U〉组合键，调出“色相/饱和度”对话框，选中“着色”选项，设置“色相”为185，“饱和度”为50，“明度”为30，如图7-33所示。

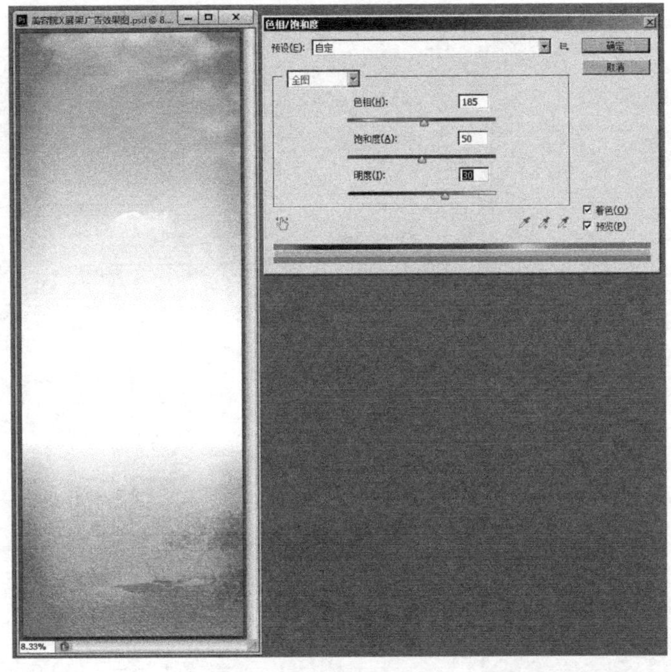

图7-33　设置底图的颜色

6）在调整好的背景图上，画一个矩形选取框，设置选区的羽化半径为“200”，如图7-34所示。

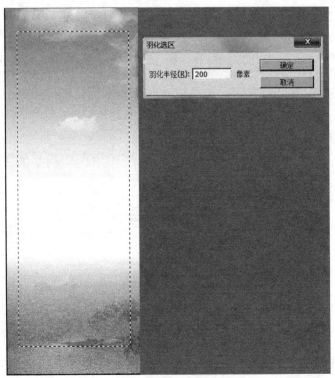

图7-34　羽化选区

7）按<Ctrl+Shift+I>组合键，反向选择区域，按<Ctrl+M>组合键调出“曲线工具”，调暗所选的背景周边区域，如图7-35所示。

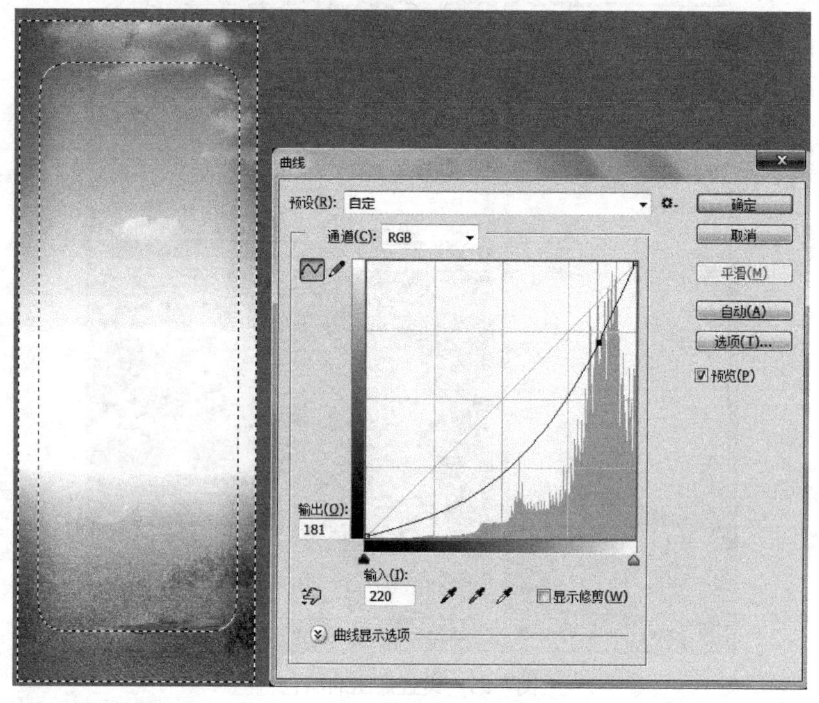

图7-35　调暗背景周边区域

8）上述操作完毕后，按<Ctrl+D>组合键取消选取，对背景执行“滤镜”→“渲染”→“镜头光晕”命令，打开“镜头光晕”对话框，选择“电影镜头”单选按钮，亮度为“150”，如图7-36所示。

图7-36　镜头光晕效果

9）打开“牡丹花素材.jpg”，将其拖至制作文件的左下角如图7-37所示，使用“快速工具”选择花朵，调出“调整边缘”对话框，修改牡丹花的边缘选取，直至满意，如图7-38所示。

图7-37　将素材图拖至左下角

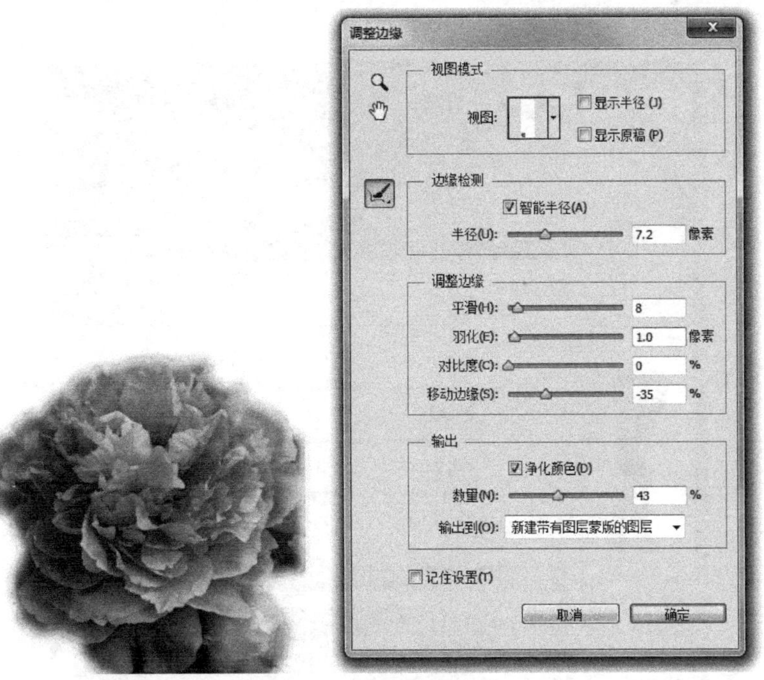

图7-38　调整边缘效果

10）将“身材剪影素材.esp”文件置入制作文件中，拖至中间位置，并选择栅格化图层，如图7-39所示。

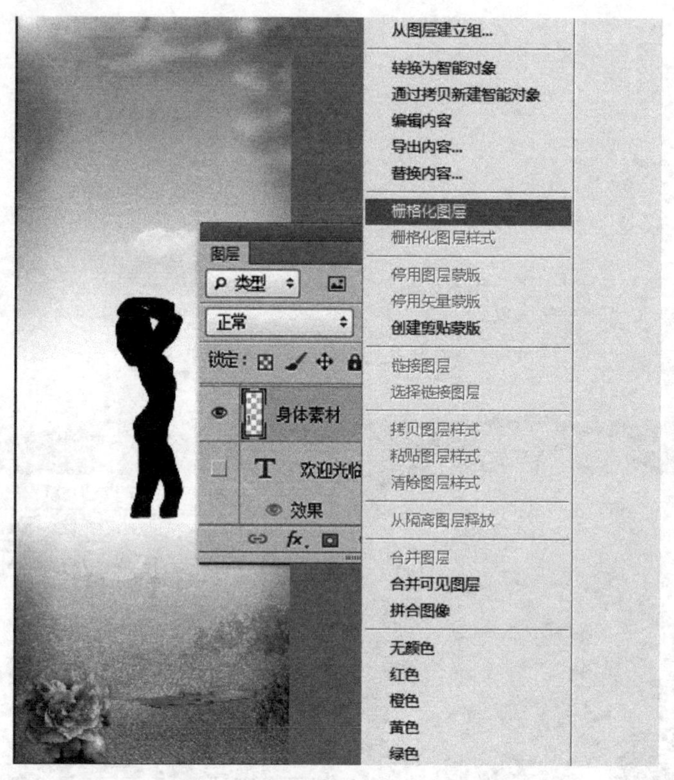

图7-39　栅格化置入的矢量素材

11）对栅格化完成后的图层操作，按<Ctrl+U>组合键调出“色相/饱和度”对话框，把默认预览选择为着色，如图7-40所示。

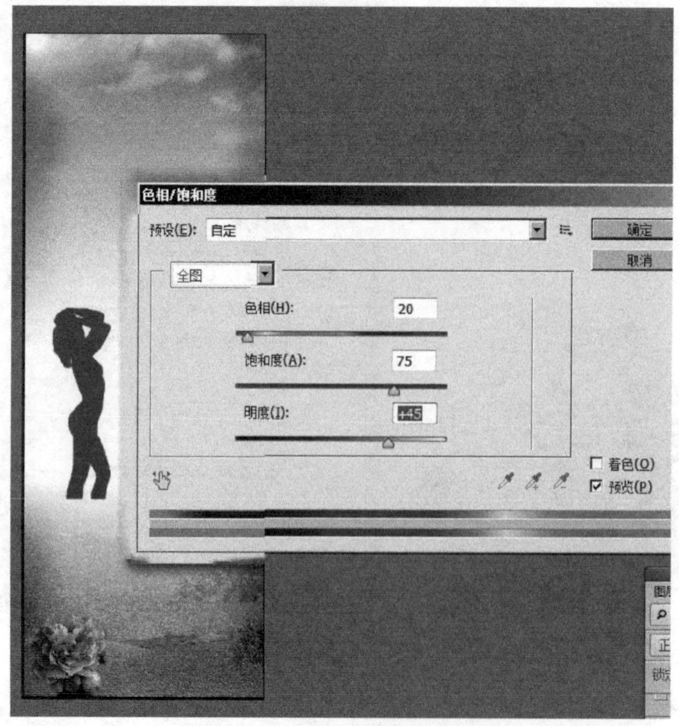

图7-40　调整身材剪影素材的颜色

12）输入文字“肤美给您专业美容护理　欢迎光临肤美美肤馆”，并对文字进行设置，如图7-41所示。

13）输入文字“拥有鲜嫩之美　每天专业护理　天天悉心呵护”，在文字下面，用“钢笔工具”画直线线条并用蓝色描边，将文字和直线路径执行栅格化命令后，将这两个图层合并，再旋转合并后的图层。最后得到如图7-42所示的效果。

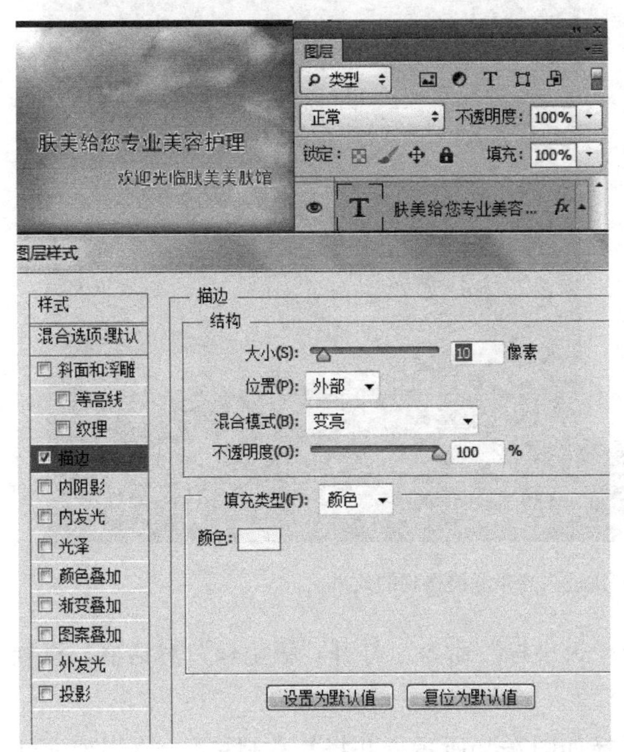

图7-41　设置文字属性

图7-42　文字设置后的效果

14）新建一个文件，命名为光晕气泡，大小设置如图7-43所示。

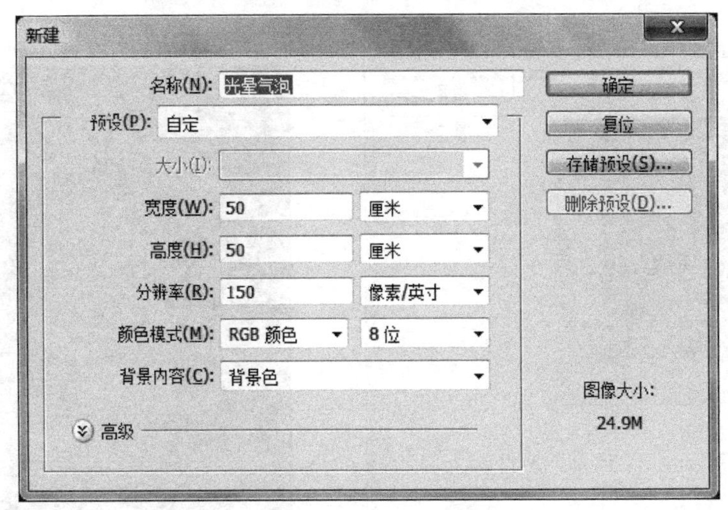

图7-43　新建气泡文件

15）将文件背景填充为黑色，然后执行“滤镜”→“渲染”→“镜头光晕”命令，总共执行3次这个滤镜命令，设置如图7-44所示。

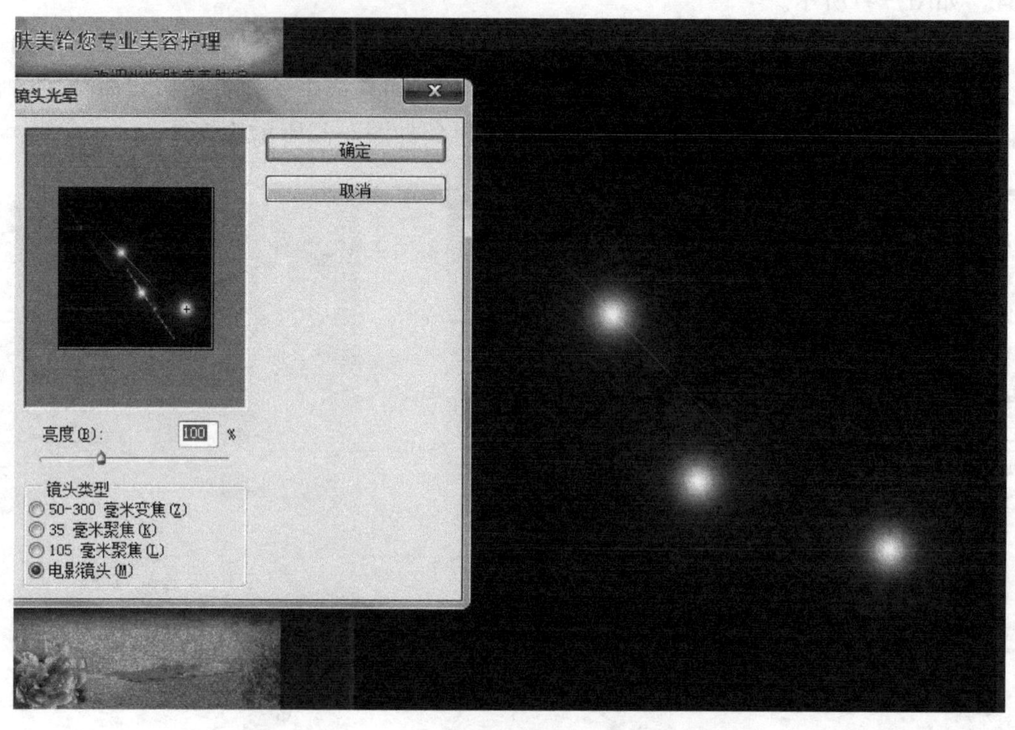

图7-44　执行3次镜头光晕滤镜得到的效果

16）执行“滤镜”→“扭曲”→“极坐标”命令，打开“极坐标”对话框，设置其属性如图7-45所示。

17）用“椭圆选框工具”进行选择如图7-46所示，并将其复制粘贴到X展架文件中的新图层中，将这个新图层命名为“气泡”。

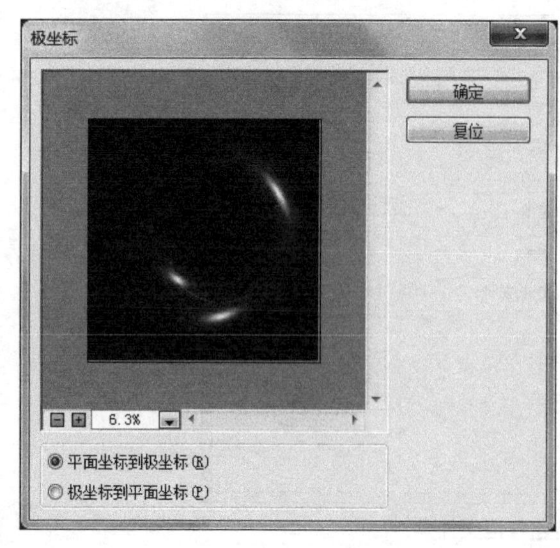

图7-45　设置极坐标滤镜

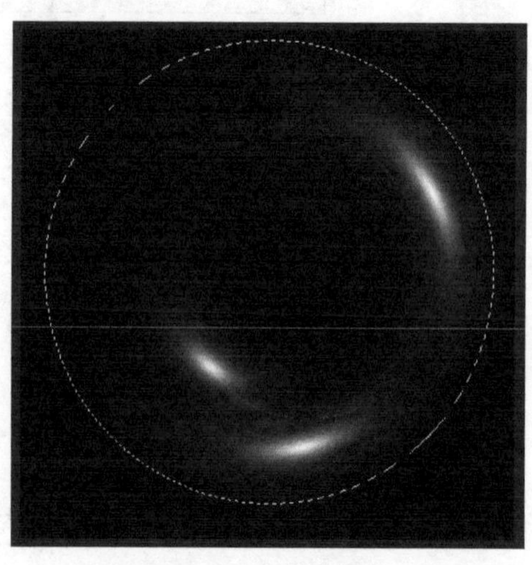

图7-46　选择出一个圆形

项目7

18）将气泡图层置于最顶，设置图层模式为“明度”，不透明度设为“16%”，如图7–47所示，并复制粘贴到X展架文件中的新图层中，将这个新图层命名为“气泡”。

19）按<Ctrl+T>组合键，将气泡图层大小调整到合适位置，如图7–48所示，并对“气泡”图层样式设置内发光，参数如图7–49所示。

图7–47　设置气泡图层效果

图7–48　设置气泡大小

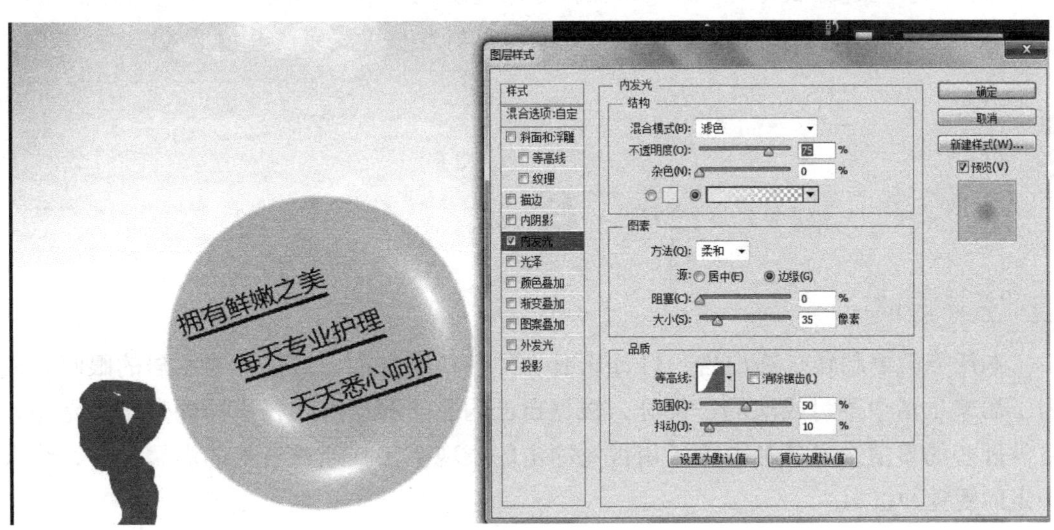

图7–49　设置气泡图层样式

20）最终完成效果如图7–50所示。

图7-50　最终效果图

知识技巧点拨

1）图层蒙版可以帮助图像的融合。

2）“调整边缘工具”可以帮助操作边缘选取。

3）图层之间可通过设置不透明度或者图层的混合模式完成叠加效果。

任务4　设计灯饰广告

任务描述

本任务需要制作灯饰广告，灯饰店有各种各样的灯饰，灯饰作为家居的眼睛，成为了居家生活中不可或缺的一部分，根据自己的品味和喜好选择不同的灯饰也是令人格外舒心的事情。本任务主要采用视觉冲击的表现手法，通过背景的温馨色彩，给人一定的视觉冲击力。

任务分析

灯饰广告效果如图7-51所示。其主题背景颜色为冷色调，突出温馨的色彩感觉，并通过适当的文字排版显示广告的主题和内容。

图7-51　灯饰广告效果图

◆ 任务实施

1）启动Photoshop CS6，执行“文件”→“新建”命令，打开“新建”对话框，设置文件“名称”为“S&Y灯饰广告设计”，设置“宽度”为“27厘米”，“高度”为“16厘米”，“分辨率”为“100像素/英寸”，“颜色模式”为“8位RGB颜色”，单击“确定”按钮，创建一个新的图像文件，如图7-52所示。

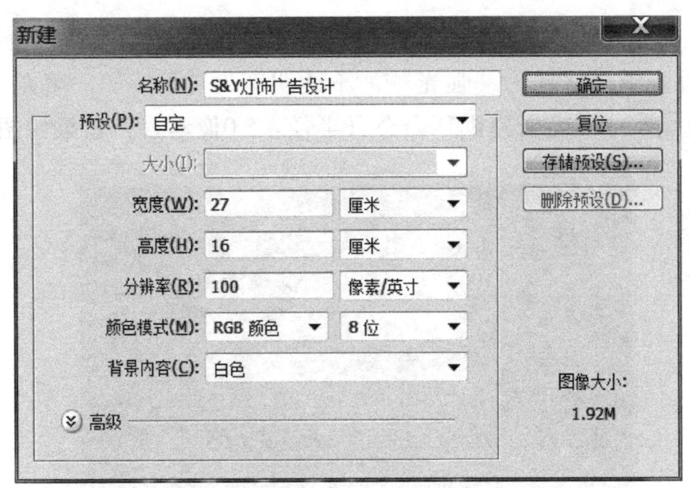

图7-52　新建文件

2）新建一个图层，重命名为“背景1”，选择“渐变工具”，选择径向渐变，打开渐变编辑器，选择左侧色标颜色为R：0、G：14、B：102，右侧色标颜色为R：0、G：4、B：43，填充于“背景1”图层，效果如图7-53所示。

3）新建一个图层，重命名为“光晕1”，选择“椭圆选择工具”，在该图层绘制一个圆形选区，如图7-54所示。

图7-53　填充渐变背景色

图7-54　绘制圆形选区

4）在图层“光晕1”复制几个大小不同的圆形选区，并填充颜色为R：6、G：51、B：166，设置图层属性为“强光”，不透明度为“76%”，填充“60%”，执行“滤镜”→“模糊”→“高斯模糊”命令（半径：5.0像素），效果如图7-55所示。

图7-55　光晕效果

5）新建一个图层，重命名为“光晕2”，同样复制几个大小不同的圆形选区，并填充颜色为R：25、G：92、B：205，设置图层属性为“强光”，不透明度为“100%”，填充为“63%”。执行“滤镜”→“模糊”→“表面模糊”命令，设置半径为“71像素”，阈值为“115色阶”。再新建一个图层“光晕3”，并填充颜色为R：

166、G：234、B：253，设置图层属性为“亮光”。执行“滤镜”→“模糊”→“表面模糊”命令，设置半径为“19像素”，阈值为“121色阶”。再新建一个图层“光晕4”，并填充颜色为R：231、G：255、B：255，设置图层属性为“亮光”。执行“滤镜”→“模糊”→“表面模糊”命令，设置半径为“68像素”，阈值为“191色阶”。最后4个光晕图层效果如图7-56所示。

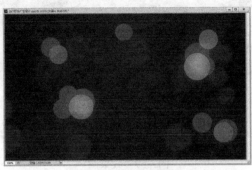

图7-56　4个光晕效果

6）打开素材“Logo.psd”文件，把灯饰店标志移动到图像文件中，重命名为“标志”，按<Ctrl+T>组合键，缩小图像移动到合适位置，按<Enter>键结束，如图7-57所示。

图7-57　缩小效果

7）打开素材“灯饰.psd”文件，把图片移动到图像文件中，重命名为“灯饰”，按<Ctrl+T>组合键，缩小图像移动到左上角合适位置，按<Enter>键结束，再用“矩形选框工具”在标志下面画一长方形线，选择“渐变工具”，选择“线性渐变”，打开渐变编辑器，选择左侧色标颜色为R：98、G：110、B：166，右侧色标颜色为R：39、G：149、B：226，填充长方形选区，如图7-58所示。

图7-58　添加灯饰和长方形渐变框

8）打开素材文本，将广告文字内容分别用横排文字输入，字体、字号大小和位置可参照如图7-59所示的效果。至此，本任务制作完成。

图7-59　效果图

知识技巧点拨

1）注意光晕颜色的透明度，透明度的利用可令效果更像真实的光晕，用透明度和模糊可以根据个人感觉调整。

2）文字素材在排版时要注意左对齐和简单的字体颜色搭配，适当的排版会令广告显得舒服大方。

项目7

◆ 任务拓展　设计手机广告

给自己喜欢的一款手机设计制作宣传广告。

任务描述

搜索一些你喜欢的手机款式的图片和相关的素材，制作一个手机广告，以提高这款手机的知名度和宣传效果。

任务要求

在制作手机广告的过程中，要注意手机广告画面的相关元素，版面需整洁和美观，信息排列合理而有序、不紊乱，能突出宣传作用。

任务提示

1）在制作过程中，可以先确定好背景，通常背景采用渐变色。

2）注意图像的大小和分辨率的设置。

3）适当采用图层混合模式和字体特效，在图片的融合和信息的突出中起到合适的作用。

项目8

精修与设计数码照片

项目概述

数码照片是数字化的摄影作品，通常指采用数码相机进行创作的摄影作品，随着数码产品的日益普及，数码相机已经不再是价格昂贵的奢侈品而是逐渐转变为大众化的消费品，数码照片的根本性优势就是后期处理的灵活性。本项目通过一系列的实例任务来详细地讲解数码照片精修的方法和技巧，力求以最简洁有效的方式进行介绍。

学习目标

通过制作学习数码照片，可以掌握Photoshop在数码照片处理中的综合应用：在制作过程中运用画笔工具、渐变工具、色阶、色相/饱和度命令、滤镜等工具进行照片的处理。

任务1 精修化妆品产品照片

■ 任务描述

本任务需要对常见的化妆品照片进行调整。由于化妆品产品照片常用于印刷报刊杂志广告、柜台陈列喷绘广告、电视广告等用途，因此化妆品公司通常对照片的要求很高，这些要求包括以下几个方面：

1）分辨率要求高。由于常用于大幅精美广告产品，化妆品的产品照片必须能够满足这些广告形式所需的数据信息，通常拍摄这些照片时多采用专业的照相机才能达到产品广告要求。

2）照片影像质量要求高。通常化妆品本身是给人带来美的愉悦的产品，所以，产品本身的照片必须整洁、干净，不能有明显的杂点噪声。在拍摄时一般选取低ISO值拍摄，并且光线条件良好，多采用室内专业摄影棚拍摄。

3）照片要体现产品特点，适用性良好。这里的适用性是指用在大多数的广告场合都可以，照片必须尽量少受背景环境因素的干扰，产品边缘光滑清晰，方便后续的广告设计作为素材采用。

◆ 任务分析

数码照片的精修是建立在准确的图像分析上的，准确分析出原照片的缺陷才能准确修整原稿。数码照片的分析主要体现在以下几个方面：

1）整体的阶调和层次分析。

2）亮度和需要再现细节的明暗层次是否明晰。

3）是否存在色偏。

4）需主要强调的主体内容是否清晰。

5）对比度和饱和度是否合适。

6）是否需要细节处理（如消除杂点噪声等）。

7）其他缺陷的弥补和二次创作处理等。

化妆品的数码照片相比较其他类型的影像，需要干净整洁，颜色准确，处理要求相对比较细致，本任务中的产品照片原始文件较大，处理的过程也需要耐心细致，如图8-1所示。

图8-1　化妆品照片修整结果图

◆ 任务实施

1）启动Photoshop CS6软件，打开柔丝美产品的照片，按<Ctrl+L>组合键调出“色阶”对话框，如图8-2所示，从直方图的分布上，可以分析出本图主要分布在中间调及亮调区域，主要再现产品优良的品质感。

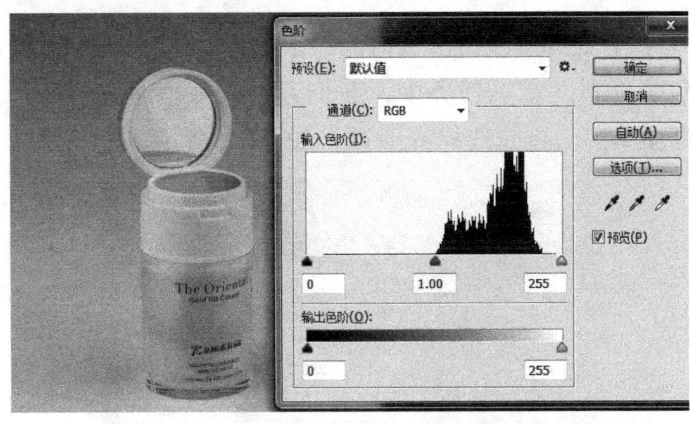

图8-2　色阶与直方图

2）将背景层复制到新图层上，按<P>键选择“钢笔工具”，将产品用钢笔路径精细勾描出来，效果如图8-3所示。勾描出来之后，按<Ctrl+Enter>组合键，将路径转为选区。

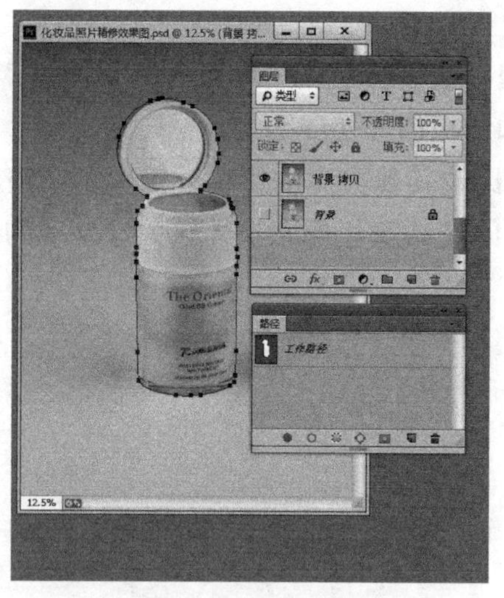

图8-3　勾勒出瓶身

3）按<Ctrl+J>组合键，将选区内容复制到新“图层1”中，如图8-4所示。

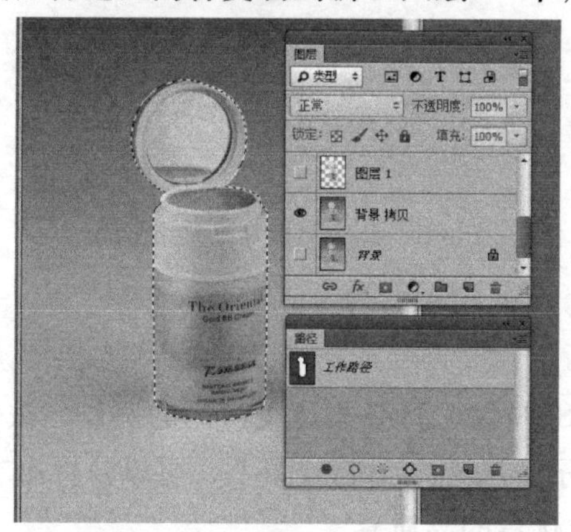

图8-4　复制产品到“图层1”

4）按<Ctrl+D>组合键取消选区，选择“图层1”，按<Ctrl+L>组合键调出色阶面板，观察图像的色阶分布。在本任务中，我们选择为每个通道都进行色阶调整，用在视觉上使得颜色更加丰富。首先选择红通道，如图8-5所示。

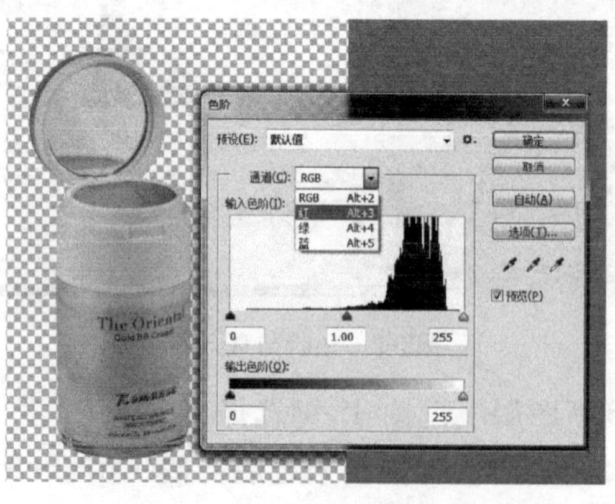

图8-5　选择红通道进行色阶的调整

5）在“色阶”对话框中，选择拖动黑色和白色三角滑块至图8-6所示位置。

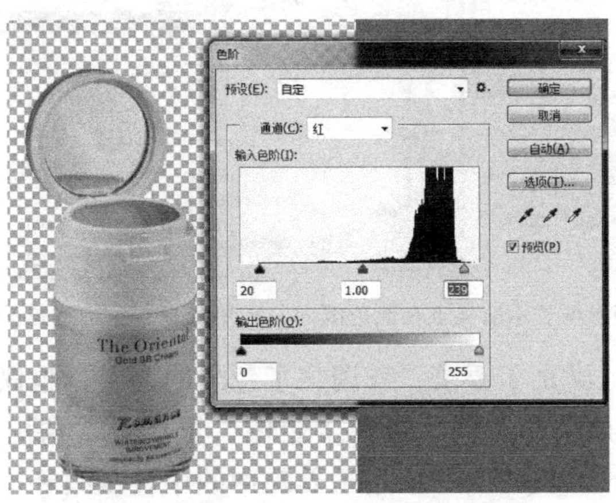

图8-6　红色通道调整色阶后的效果

6）用同样的方法，选择绿、蓝通道分别进行调整，如图8-7和图8-8所示。

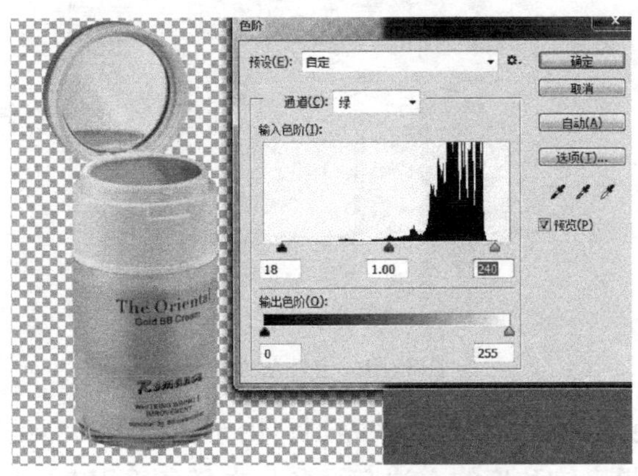

图8-7　绿色通道调整色阶后的效果

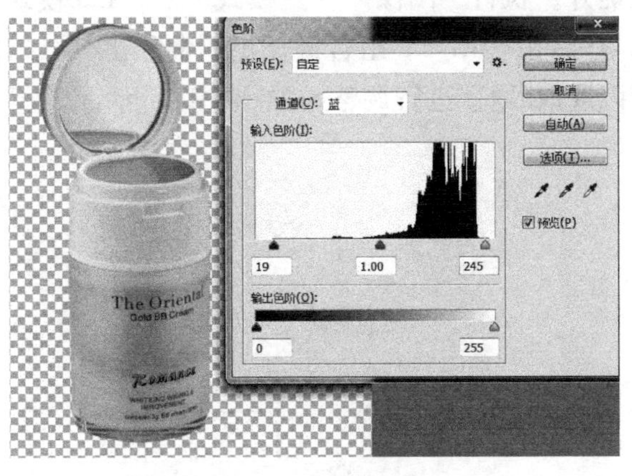

图8-8　蓝色通道调整色阶后的效果

7）调整完毕后，单击“确定”按钮保留色阶的调整结果，按〈F8〉键调出信息板，观察产品白色盖子是否有明显偏色，色偏可以由数值组合进行判定，在RGB模式下，理论上当一个点的颜色数据R=G=B时为黑白灰的中性色，如图8-9所示。

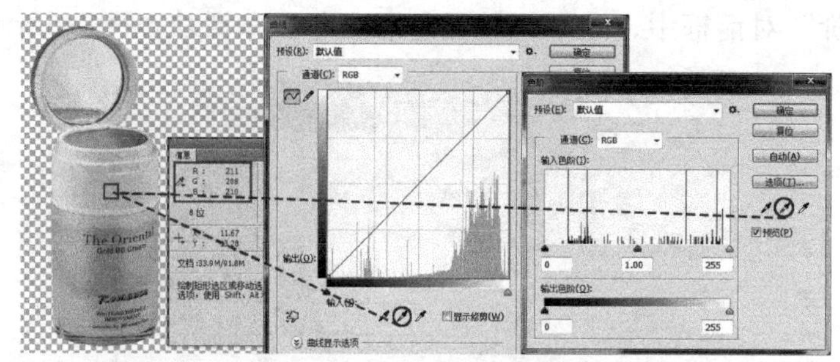

图8-9 小矩形框表示取样点在此范围内，大矩形框表示取样点的颜色RGB值

8）图8-9中的数值满足了要求，在调整了色阶的同时，也保证了中性灰平衡，没有产生额外的偏色，如果在调整中出现了色偏，可以再次调出“色阶工具”或者按<Ctrl+M>组合键调出“曲线工具”，用工具箱中的中性灰吸管工具单击上图小方框中的px，然后确定即可快速修正色偏，如图8-10所示。

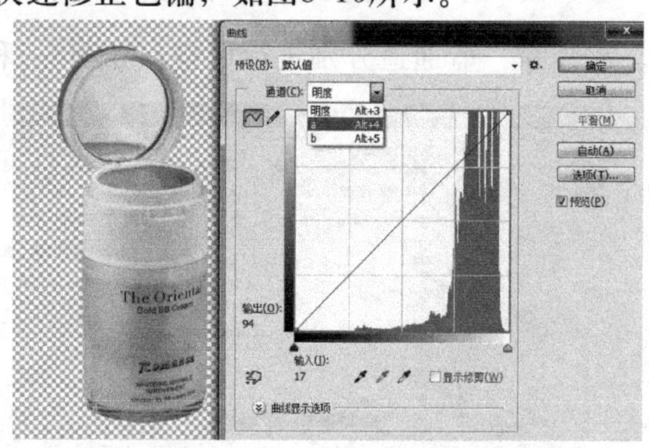

图8-10 中性灰设置

9）调整完的颜色与实际产品还有些差别，由于拍摄时的亮度较高，导致产品的饱和度有所缺失，快速提高饱和度的方法有很多，本任务采用在Lab模式下操作的优势，将产品颜色的饱和度提升。执行“图像”→“模式”→“Lab模式”命令，将产品照片转为Lab的颜色模式，然后按<Ctrl+M>组合键调出“曲线工具”，由于本任务中产品的主要颜色为红色，所以选取a通道进行调整，如图8-11所示。

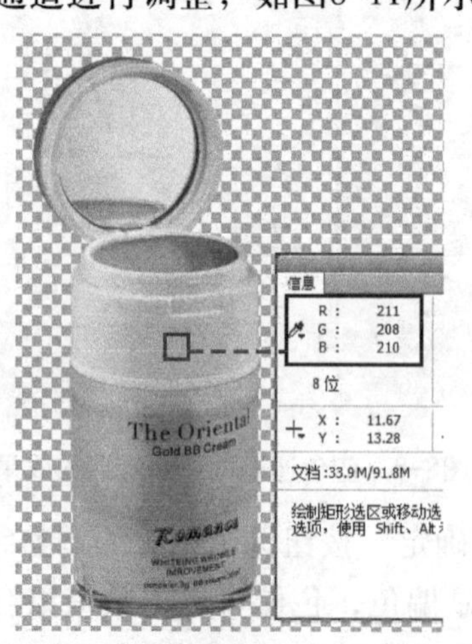

图8-11 Lab模式下的颜色通道的选取

10）在“曲线工具”的a通道中，选中两个点，曲线中部的点保持不动（这样做是为了保持中性灰部分不因为调整而偏色），而上部的点向上提升，如图8-12所示，注意观察输入输出数值的变化。

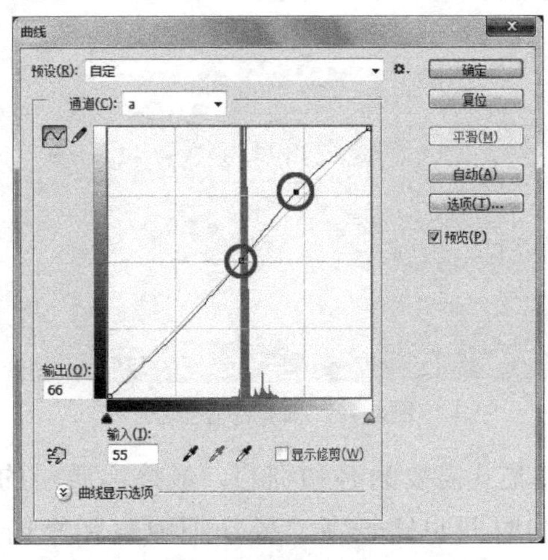

图8-12　a通道调节曲线

11）经过这样的调整，在保证前面调整的灰平衡不发生大的变化的情况下，颜色的饱和度有了提高，并且没有不必要的杂色产生。

12）对于细节的强调，一般用USM锐化滤镜来完成，在Lab模式里，选择明度通道，然后执行“滤镜”→“锐化”→“USM锐化”命令，参数设置如图8-13所示。

这里采用的对明度通道实施锐化的操作，目的也是在尽量小幅度影响色度的情况下，对图像进行锐化，同时图像锐化后产生的杂点没有杂色，方便后期处理。

锐化有两种操作模式，第一种是“小半径、大数量”的模式，这种模式通常处理线条细节较多的图像；第二种模式是“大半径、小数量”，除了强调细节线条的图稿，都可以尝试用此思路调整。

所以总结经验参数数值，如半径设为“分辨率/200”，数量大小和图像数据量相关，阈值设为2～4左右的数值等，都可以参考使用，对于数码照片来说，当原稿的噪点不多时，可以适当处理得锐利些，特别是用于印刷品的稿子。

图8-13　锐化明度通道

13）锐化完之后，由于化妆品图片要求较高，必须将噪点一点一点地去除，一般可采用“仿制图章工具”或者“修复画笔工具”，在放大倍率为200%的显示状态下，用“仿制图章工具”修复噪点，如图8-14所示。

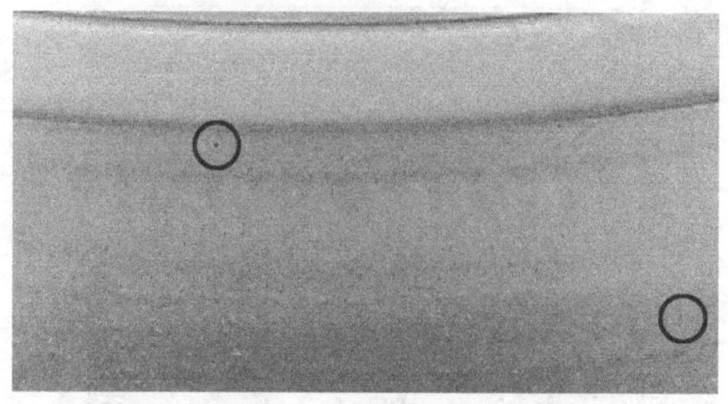

图8-14　修复部分噪点

14）修复噪点等细节尤其需要耐心和细心，最终高质量的原图和这部分内容修复的情况直接相关，需要的时间也比较多，要仔细观察和修描。有些是原稿本身的问题，有些是拍摄时不小心沾染上的尘污，都要仔细去除，如图8-15所示。

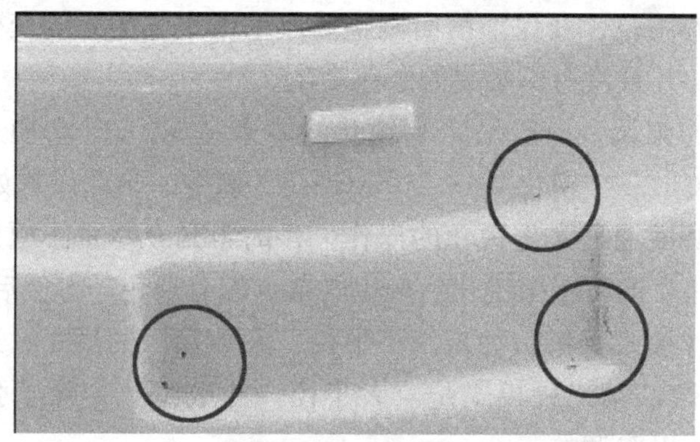

图8-15　噪点修复

15）修描完噪点后，可将图像模式切换为RGB模式，在RGB模式下，复制一个图层，设置图层模式为“柔光”，以增强化妆品柔美的质感，如图8-16所示。

图8-16　图层叠加

16）隐藏背景和背景复制，按<Ctrl+Shift+Alt+E>组合键，将“图层1”与“图层1拷贝”的叠加效果保存至新图层，如图8-17所示。

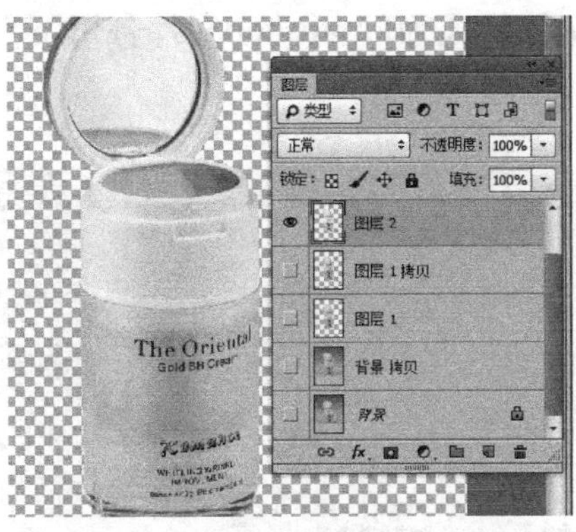

图8-17　保存叠加结果为“图层2”

17）接下来建立Alpha通道，目的是保留瓶子的玻璃透明度，首先按<Ctrl>键并单击“图层2”，加载瓶子选区，使用此选区在通道面板建立Alpha1通道，如图8-18所示。

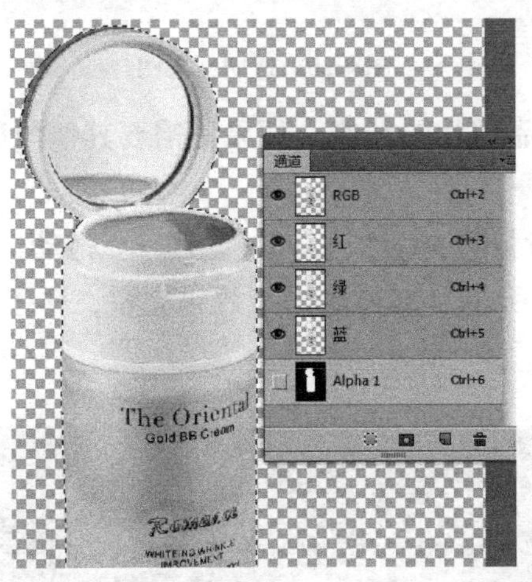

图8-18　选区存储为通道

18）观察新建立的Alpha1通道，黑色部分表示不选择，白色部分表示选择，那么灰色是有透明度的选择，越接近白色，选出来的物体透明度也就越低，记住此结论，在Alpha1通道里选择合适的灰色进行涂抹，以此决定要保留瓶子的透明度。以瓶底为例，由于瓶底的玻璃透明度不高，所以选择接近白色的各种灰度进行涂抹比较合适，如图8-19所示。

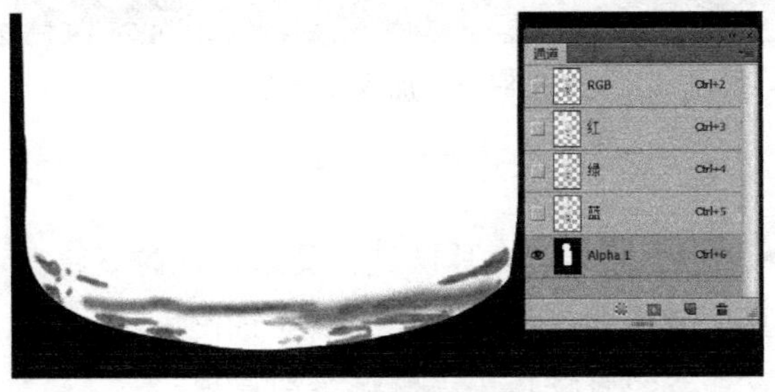

图8-19　瓶底透明度的描绘

19）描绘完瓶底的透明度后，按<Ctrl+D>组合键取消选区，然后选中“图层2”，按<Ctrl+J>组合键单击Alpha1通道，将有透明度底的瓶子保存起来，将“图层2”隐藏，如图8-20所示。保存文件格式为Photoshop文件备用，当然也可以加个背景图层预览下效果。

图8-20　透明结果图

20）至此完成化妆产品图片的精修，如果不需要其他图层，可以只保留“图层3”即可。

21）打开“项目8_1背景素材.jpg”，将“图层3”拖动至背景素材上面，观察有背景之后的效果，如图8-21所示（本任务为了效果完整，多了几个步骤来处理，有兴趣的读者可以自己拓展练习）。

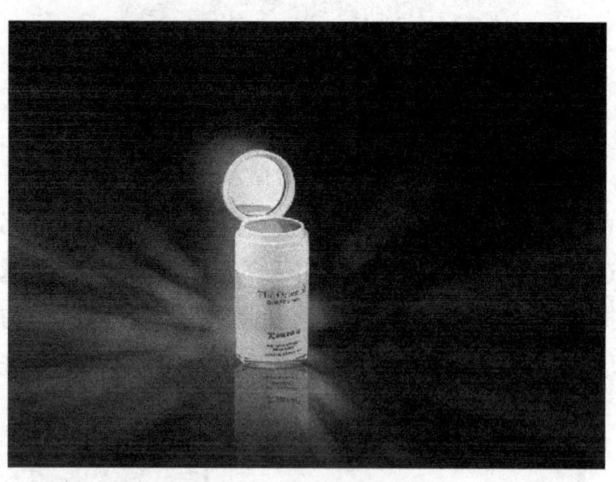

图8-21　加载背景效果

知识技巧点拨

1）蒙版与Alpha通道结果类似，可以进行复杂选区的编辑。

2）图层的叠加可以增强产品的质感，可以尝试使用。

3）曲线调整注意总结经验技巧，理解调整的原理。

任务2　柔化肌肤

■ 任务描述

为了使照片中人物皮肤的效果变得更加美观，本任务讲解对肤色暗沉的皮肤进行柔化处理的操作方法。需要注意的是，本任务是以女性皮肤为案例，由于男女皮肤表现重点有所差异，所以本任务的方法并不适用于处理男性的皮肤。

◆ 任务分析

本任务学习柔化肌肤的方法，主要使用更改图层混合模式，图层蒙版命令，曲线命令等。版式设计效果图如图8-22所示。

图8-22　柔化肌肤效果

◆ 任务实施

1）启动Photoshop CS6，执行“文件”→“新建”命令，打开“新建”对话框，设置“名称”为“柔化肌肤”，“宽度”为“700像素”，“高度”为“476像素”，“分辨率”为“72像素/英寸”，“颜色模式”为“8位RGB颜色”，“背景内容”为“白色”，单击“确定”按钮，创建一个新的图像文件，如图8-23所示。

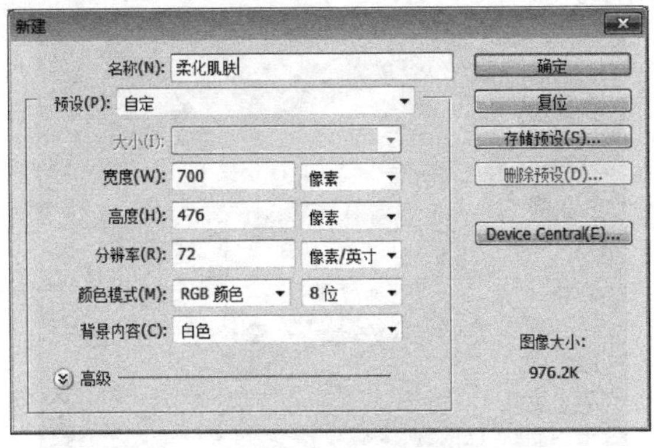

图8-23　新建文件

2）新建“图层1”，打开素材文件夹，选择“素材一.jpg”，将素材移动到“图层1”中，按<Ctrl+T>组合键，放大和移动图像到适当位置，按<Enter>键结束，使用工具箱中的污点修复“画笔工具”，修复素材的面部效果，修复后的效果如图8-24所示。

图8-24　污点修复后的面部效果

3）选中“图层1”，按<Ctrl+J>组合键进行复制，为复制后的“图层1副本”添加图层蒙版，选用画笔将除去头发以外的部分画出来，将图层混合模式改为柔光，如图8-25所示。

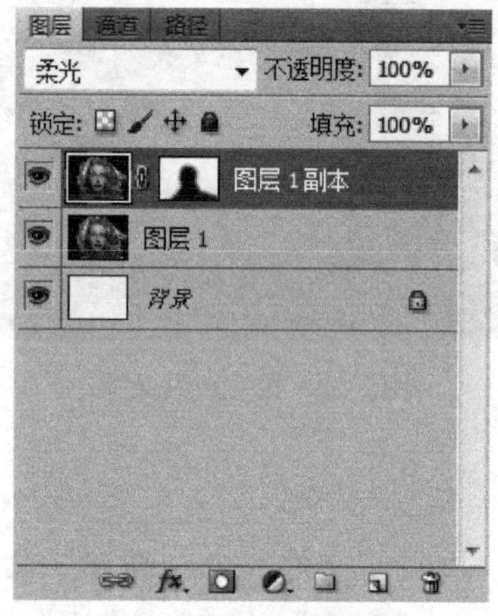

图8-25　添加图层蒙版

4）选用工具箱中的“钢笔工具”画出脸部，选中路径把“钢笔工具”选中的路径变为选区，如图8-26所示。

图8-26　用“钢笔工具”选中脸部，转换为选区

5）按<Ctrl+J>组合键进行复制，复制选中区域为“图层2”，执行“滤镜”→“模糊”→“表面模糊”命令，对“图层2”进行表面模糊，如图8-27所示。

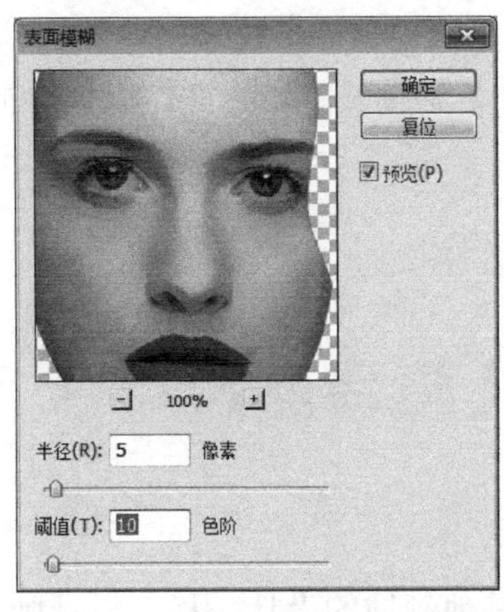

图8-27　对选中图层进行表面模糊

6）更改“图层2”混合模式为浅色，对“图层2”执行“图像”→“调整”→“曲线”命令，如图8-28所示。

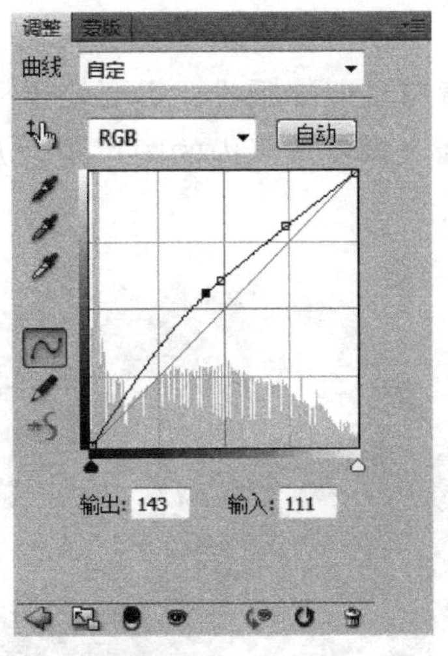

图8-28　曲线调整

7）调整后的最终效果如图8-29所示。

图8-29　最终效果

知识技巧点拨

1）在步骤2）中可以细致地修复斑点，如果觉得没有修补完成，可在步骤5）后继续利用“污点修复工具”修补面部斑点效果。

2）在步骤3）中可以用更加细腻的画笔进行涂抹，把除去五官以外的面部涂抹选中，效果会更好。

任务3 设计儿童写真照片

■ 任务描述

儿童照片的版面设计与其他领域的设计一样，设计师在设计前都要对版面有个总体构思。儿童属于一种特殊的群体，具有天真活泼、可爱的特性，所以在设计的风格上要多元化一些，这样才能体现出儿童的特点。

◆ 任务分析

本任务就来学习设计儿童写真照片版式，主要使用模糊工具、投影命令使调整后的版式新颖，使用正片叠底命令调整选区内的图片融合方式，还有斜面浮雕工具等。版式设计效果图如图8-30所示。

图8-30 儿童写真效果

◆ 任务实施

1）启动Photoshop CS6，执行“文件”→“新建”命令，打开“新建”对话框，设置“宽度”为“550像素”，“高度”为“350像素”，“分辨率”为“72像素/英寸”，“颜色模式”为“8位RGB颜色”，“背景内容”为白色，单击“确定”按钮，创建一个新的图像文件，如图8-31所示。

2）新建“图层1”，打开素材文件夹，选择“素材1.jpg”，将素材移动到“图层1”中，按<Ctrl+T>组合键，放大和移动图像到适当位置，按<Enter>键结束，效果如图8-32所示。

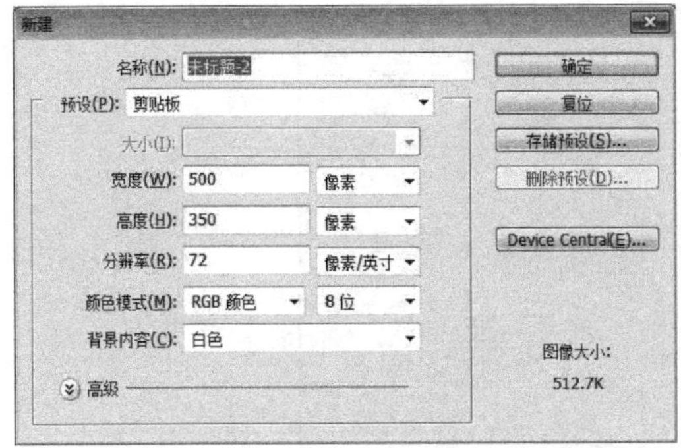

图8-31　新建文件

图8-32　拖入素材

3）对“素材1.jpg”进行高斯模糊，执行“滤镜”→“模糊”→“高斯模糊”命令，设置半径为“5.0像素”，如图8-33所示。

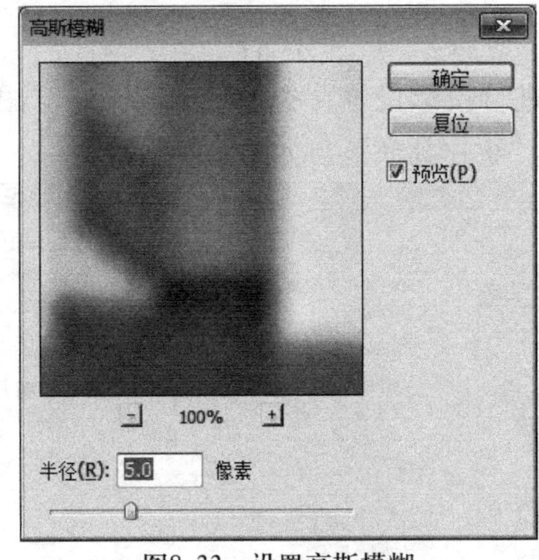

图8-33　设置高斯模糊

4）新建“图层2”，打开素材文件夹，选择“素材2.jpg”，将素材移动到“图层2”中，按<Ctrl+T>组合键，缩小和移动图像到适当位置，按<Enter>键结束，效果如图8-34所示。

图8-34　拖入素材2调整效果

5）对“素材2.jpg”进行描边设置，执行“图层”→“图层样式”→“描边”命令，设置“大小”为“7像素”，“位置”改为“内部”，“不透明度”设为“77%”，“填充颜色”为“白色”，如图8-35所示。

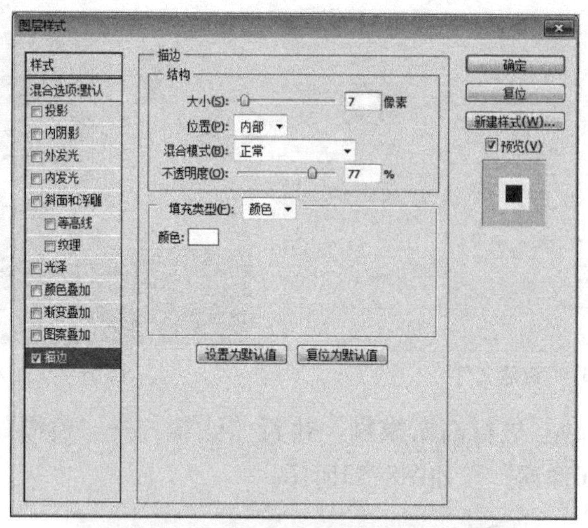

图8-35　对“素材2.jpg”进行描边设置

6）对“素材2.jpg”进行投影设置，执行“图层”→“图层样式”→“投影”命令，调整“混合模式”为“正片叠底”，如图8-36所示。

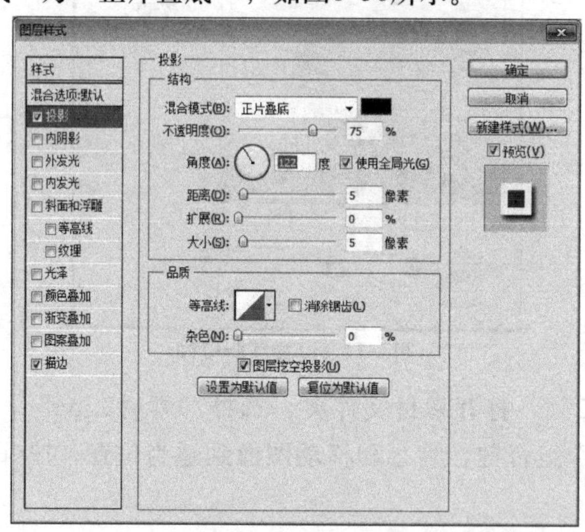

图8-36　对“素材2.jpg”进行投影设置

7）打开素材文件夹，对“素材3.jpg”“素材4.jpg”“素材5.jpg”分别新建图层，重复运用步骤4）～6）的操作，得到排版后的效果图，如图8-37所示。

图8-37　排版后的效果图

8）选择“横排文字工具”，输入“Laugh and grow up”，参数设置如图8-38所示。

图8-38　文字属性

9）将文字移动到靠右下侧的位置，调整整体排版位置，完成此任务的制作，最终效果如图8-39所示。

图8-39　完成效果图

知识技巧点拨

1）为了在调整素材大小时不改变宽高比例，可以使用<Shift>+鼠标左键进行拖拽。

2）在使用描边功能时，位置可用“内部”“居中”等效果多次尝试，也可以改变颜色等参数。

◆ 任务拓展　精修设计数码照片

为身边的好友精修一组数码照片，并设计制作成一本小相册。

任务描述

为好友精修一组个人数码照片，并设计排版成一本精美的小相册。

任务要求

在精修数码照片的过程中，要注意对照片风格的定位，数码照片的色彩进行调整和美化，在排版的过程中要整体设计构思。

任务提示

1）在制作过程中，可以先确定好相册设计主题。

2）注意精修照片和相册版式风格的搭配。

3）适当采用图层混合模式和字体特效，在图片的融合和信息的突出中起到合适的作用。

职业教育数字媒体技术应用专业系列教材

书名	主　编	书　号
动画片的创作解析	邱　青	44630
数字插画设计项目教程——Illustrator	范云龙　丛中笑	51066
数字影像编辑项目教程——Premiere	何林灵　刘　娟	51083
数字图像处理项目教程—CorelDRAW	唐莹梅　曾颖睿	53207
三维数字动画制作项目教程—3ds Max	周永忠	52666
三维数字展示制作项目教程—3ds Max	周永忠	52667
数字影像合成与特效制作项目教程—After Effects CS6	陈丽　梁波	53479
平面设计与制作综合实训	**罗志华　刘新安**	51540
视频后期处理综合项目实训	黄海英　邓惠芹	52067
数字媒体技术应用基础教程	杨忆泉	47186
数字影像拍摄技术	林　蔚	47234
数字图像处理案例教程—Photoshop CS5	严仕桂	52217

机工教育微信服务号

上架指导 计算机 / 图形图像

ISBN 978-7-111-51540-1

策划编辑◎梁伟 / 封面设计◎鞠杨

定价：39.00元